楽しい調べ学習シリーズ

ブナの森を探検しよう!

さぐろう、四季と生物多様性

瀬川 強

PHP

はじめに

　ブナの森に行こう。ブナの森に入ると心が和みます。ブナの森に入るとやさしい気持ちになれます。ブナの森には、ブナの木を中心とするいろいろな樹木や草がしげっています。そして、そこを"すみか"にしている虫や野鳥、けものなど、多くの動物がくらしているとても豊かな森です。

　ブナの森では、ブナの木を中心にいろいろな生き物がつながりあってくらしています。ブナの森がなぜ自然豊かな森なのか、ブナの森の四季をたずねて、そのなぞをさぐってみましょう。

　なお、この本はおもに岩手県西和賀地方のブナの森を舞台にしています。この地方は日本海側の気候に支配され、冬は大量の雪が積もります。

岩手・秋田県境につらなる真昼山地の北部にそびえる和賀岳（1439 m）。山の中腹付近まで広大なブナの原生林がひろがっている。

もくじ

はじめに……2
この本を読むみなさんへ……6

第1章　ブナの森の四季

春——雪どけの季節……8
夏——森の天井は緑のステンドグラス……10
秋——錦繍の季節……12
冬——しんしんと降る雪につつまれて……14
　　コラム　ブナの仲間と日本のブナの分布……16

▲芽ぶきがはじまった春のブナ林。

第2章　ブナの森にくらす生き物たち

ブナの森の木のすみわけと森の構造……18
春のブナの森にさく草花……20
春植物と昆虫の関係……22
おくれてさきはじめる草花……24
　　＜もっと知りたい＞
　　　　光合成をしない植物……25
樹木にさく花たち……26
　　＜もっと知りたい＞
　　　　春の森のめぐみ——山菜のいろいろ……27
ブナの森をにぎわす昆虫……28
森の渓流や湿地の生き物……30
ヘビやトカゲなどのは虫類……32
森は野鳥の音楽堂……34
日本固有のほ乳類もくらすブナの森……36
　　＜もっと知りたい＞
　　　　人里にでてくるツキノワグマ……37
葉が色づくのは仕事じまいの合図……38
　　＜もっと知りたい＞
　　　　黄色や赤に色づくしくみ……38

▲葉がおいしげる夏のブナ林。

命を宿した秋の木の実……40
キノコにささえられている森……42
　＜もっと知りたい＞
　　変形菌のふしぎ……45
厚く積もった落ち葉のゆくえ……46
　＜もっと知りたい＞
　　ブナの森の土の保水力……47
つながりめぐる命、ブナの森の生態系……48
　コラム　ブナの幹についた地衣・コケ類調べ……50

▲森の上空を飛ぶクマタカ。

▲色づいた秋のブナ林。

第3章　ブナの木の成長と森の変化

ブナの花の受粉から実が熟すまで……52
ブナの実の豊作と不作……54
いつまでもブナの森がつづくのは？……56
　＜もっと知りたい＞
　　ブナの巨木くらべ……59
もっと調べてみよう
　ブナと人とのつきあい
　　1．縄文文化とブナの森……60
　　2．ブナの木の利用……61
さくいん……62

▼雪にうもれる冬のブナ林。

▼ツキノワグマの親子。

この本を読むみなさんへ

　ブナの森には小さな昆虫から両生類、は虫類、鳥類、ほ乳類では小さなノネズミの仲間から大きなカモシカやツキノワグマまで、また、森を流れる川にはヤマメやイワナのような魚類など、多くの種類の生き物たちがくらしています。もちろん人間もブナの森を利用しています。縄文時代の大昔から山菜やキノコ、木の実、けものの肉や毛皮などを求めて、人びとはブナの森と仲よくくらしてきました。

　ところが時代が変わり近年になると、木材や紙の原料にするパルプの需要がふえ、さかんに森から木が切られるようになりました。そのためブナの森はどんどん開発されて、ほとんどのこらないまでに追いつめられていきました。ブナの森がなくなるにつれ、そこでくらしていた生き物のなかには、"すみか"を追われて数を減らしているものもいます。

　そんなとき、ブナの森のたいせつさに気づき、生き物たちの気持ちがわかる人たちが、ブナの森をのこしたいと、みんなにうったえるとともに、国にも働きかけました。なかでも青森県と秋田県にまたがる白神山地のブナの森の価値をうったえつづけたところ、とうとう国はそれを認めて開発を中止し、保護する方針を打ちだしました。そればかりでなく、1993年、一帯がユネスコの世界自然遺産に登録されたのです。白神山地以外にも世界自然遺産に匹敵するブナの森は、全国にまだまだたくさんのこされています。ブナの森があることで、多種多様な生き物の命がつながり、生きつづけることができます。

　この本は、ブナの森についてよく知ってもらい、いつまでもたいせつに森をのこしていきたいとの思いでつくりました。ブナの森の四季の移り変わりの美しさ、ブナの森でくらす動植物たち、人びとのくらしをささえた恵み、自然生態系としてのブナの森の役割などをわかりやすく、紹介しました。本書を参考にして実際にブナの森をたずね、森の中で大きく深呼吸をしてほしいと思います。ブナの森はやさしくみなさんをむかえてくれるはずです。

瀬川　強

◀カタクリの花を撮影中の著者。

第1章
ブナの森の四季

　ブナの森の主人公、ブナの木は春から秋まで葉をいっぱいしげらせ、冬には葉をすっかり落としてしまう落葉広葉樹です。ブナの木は、夏は冷涼で冬は雪の多い気候をこのみ、季節の変化がはっきりした土地に育ちます。ですから森の景観も四季を通じていちじるしく変わります。ブナの森がどのような森なのか、その特徴をつかむために、まずブナの森におおわれた山やまの景観と森の内部の変化を、季節を追いながら見ていきましょう。

第1章──ブナの森の四季

春──雪どけの季節

ブナの峰走りと根開き

　ブナの森の春はおそく、いつまでも雪がのこっています。その中でブナは雪どけを待ちきれずに、雪の上で花をさかせます。花といっても、ブナにはめだつ美しい花びらはありません。ブナの花は風で花粉を飛ばす風媒花なのです。

　ブナは花がさくのとほぼ同時に、葉も開きはじめます。みずみずしい若葉が、まるで山すそから頂に向かってかけあがるように、峰みねをうすい緑色にそめていきます。このようすをブナの峰走りとよんでいます。ほかの落葉広葉樹の葉が開くのは、ブナの峰走りより少しあとになってからのことです。

　峰走りがはじまるのと同じころ、ブナの幹の根もとでは雪がまるくとけて地面があらわれます。これを「根開き※」とよんでいます。

▲残雪のブナの森で見られる「根開き」。ブナの幹に春の日ざしがあたると、あたたまった幹からの放射熱で根もと付近の雪がとける。雪がとけてくぼみができると、そこに春のあたたかい風がふきこみ、さらに雪をとかしながら輪はひろがっていく。森のあちこちにあらわれた「根開き」は、ブナの森の中にも春がきたことを教えてくれる。

▶花芽が開いてさいたブナの雄花と雌花。雄花は房状にたれさがってさき、雌花は上のほうを向いてさく。雄花の花粉は風で飛ばされ、ほかのブナの木の雌花に送りとどけられて受粉する。

※地方によっては「根あき」ともいい、「根まわり穴」とよんでいるところもある。

▲ブナが芽ぶきはじめると山のふもとから頂に向かって、うす緑色の帯がかけあがっていくように見える。ブナの峰走りは山に春がきたことを告げる。

短い春のひとときにさく花たち

雪どけが早い沢ぞいでは、スプリング・エフェメラル（春のはかない命という意味）とよばれるカタクリやキクザキイチリンソウなどが、待ちかねていたようにいっせいに花をさかせ、短い春を楽しんでいるかのようです。これらの植物は、森の木ぎが葉を開き、森の天井をおおってしまう前に、春の光をたっぷりあびて花をさかせ、受粉を手伝ってくれる昆虫をよんでいるのです。虫に受粉を手伝ってもらうので虫媒花といいます。

◀森の木ぎの葉がしげらないうちに、おおいそぎで芽をだして花をさかせるカタクリ。花茎の高さ10〜15cm。日があたらないうちは花びらを閉じているが、日があたり気温があがってくると、バレリーナがおじぎするように花びらを後方にそりかえして開く。

▶白い花と紫色の花があるキクザキイチリンソウ。一本の茎にキクの花ににた花びらを一輪つけるのでこの名がある。キクザキイチゲともいう。高さ10〜20cm。

夏——森の天井は緑のステンドグラス

第1章──ブナの森の四季

▲夏のブナの森の中。木ぎの葉は強い日射をさえぎり、葉の蒸散作用にともなう気化熱がまわりから熱をうばう。そのため森の中は外より気温が低い。

緑にそまる森の中

　夏のブナの森は、すっかり緑を濃くしています。森の中に入って天井を見あげると、まるで緑のステンドグラスがおおっているようで、からだ中が緑にそまりそうです。森や林で樹木の枝や葉のしげっている天井部分を「林冠※」といいます。それにたいして林の地面を「林床」とよびます。
　樹冠が濃い緑でおおわれるころになると、林床にとどく光はすっかり弱くなってしまいます。春の明るい光をもとめておおいそぎで成長する草花にたいし、森の中がうす暗くなる季節に芽生え、花をさかせて子孫をのこそうとする草花もあります。ユキザサやホウチャクソウなどです。

▼山はだを濃い緑がうめつくした夏のブナの森。ブナの木の葉がしげると、もこもこした特徴ある姿なので、遠目にもブナの森であることがわかる。

※樹木がまとまって生えている森の天井部分を林冠という。それにたいして1本ずつの樹木の天井部分を樹冠という。

▲ブナの幹を流れる樹幹流。根もとには落ち葉や腐葉土が積もってスポンジ状になっているので、雨水はすいこまれていき、やがて森の地下水となる。

森をうるおす樹幹流

　雨の日、ブナの森はたくさん葉をしげらせた樹冠で雨を受けとめます。雨水のあるものは葉から蒸発していき、あるものは葉からしずくになって下に落ちていきます。森では、樹冠が雨水の多くを受けとめるので、雨粒によって森の地面が直接打たれて侵食されることがありません。

　葉で受けとめられた雨水のなかには、枝を伝って集まり、幹に流れつくと樹幹流とよばれる滝をつくるものもあります。やがて、その水は根もとにすいこまれていきます。

▲初夏から夏にかけて、うす暗い林床で花をさかせるユキザサ。草の高さ20〜30cm。花が雪のように白く、葉がササのような形なのでこの名がある。

◀初夏から夏にかけて林床にさくホウチャクソウ。高さ30〜60cm。たれさがってさく花が、お寺の軒先につりさげられている宝鐸ににているところからこの名がある。

第1章―ブナの森の四季

秋――錦繍の季節

錦の色が山からふもとへ

　ブナの森が色づくのは、まず林床の下草や低木からです。ブナの森はほかの落葉樹もまじっているので、赤や黄色の錦にいろどられます。錦と刺繍をほどこした織物を錦繍といいますが、ブナの森はまるで錦繍をまとっているかのようです。

　秋のブナの葉があざやかに色づくときは、春の新緑の「峰走り」とはぎゃくに、山の上のほうから下へ向かってかけおりてきます。木ぎの種類によっていろどりが絶妙で、まるで一枚の絵画を鑑賞しているような気分にしてくれます。

▲秋のブナの森は山の頂から色づきはじめる。あざやかな色彩が日ごとかけおりてくる。

▲ブナの森の林内では、下草や低木から紅葉や黄葉がはじまる。赤いのはヤマウルシ、黄色いのはオオバクロモジなど。

▲落葉のはじまったブナの森。寒さのきびしい冬を前に、ブナの葉は光合成をやめて葉を落とし、休眠状態に入る。

▲黄金色に色づいたブナの森が、沼の水面を鏡にして色彩効果は2倍に。ブナは黄色から黄金色に色づき、やがて茶色から褐色に色あせて落葉する。美しく色づく姿が見られるのはほんの数日しかない。

落ち葉が"ふとん"に

ところで、秋のブナは葉を落とすのに先立ち、殻斗という殻に包まれていた実(種子)を落とし、それから黄金色の葉をまといます。しかし、その色もまたたくまにあせてしまい、やがて葉は落ち葉になって地面にふりつもります。その落ち葉がまるで"ふとん"のようになって、ブナの種子をおおいかくしてしまいます。実を食べるノネズミなどの動物から見えなくしているのかもしれません。

▼殻斗が4つにさけて開き、実を落としたブナの木。殻斗は雌花のときの総ほうが変化したもの。

第1章──ブナの森の四季

冬──しんしんと降る雪につつまれて

春の準備をして待つ

　冬はブナの森にとつぜんやってきます。木ぎの枝にまだ葉がのこっているあいだに雪がたくさん積もると、たいせつな枝が折れてしまいます。そこでブナの木は、根雪にならないうちにすっかり葉を落とし、しなやかな枝を銀の繊維のようにかがやかせます。枝先には来年の春に開く花や葉をつつんだ冬芽がすでにできていて、きびしい寒さにたえていきます。

雪の"ふとん"にまもられて

　林床付近の背たけが低く、寒さと乾燥に弱い常緑の木ぎは、雪にさからうことなく、しなやかな枝や幹をたわませて地面にふせ、長い冬にたえながら春を待ちます。動くことのできない植物の多くは、休眠するしかありません。しかし、冬のあいだ雪は"ふとん"の役目をしてくれます。雪には断熱効果があり、外気温が零度以下でも、雪におおわれた地面付近は零度以下になることはありません。

　いっぽう、動物たちの中には冬眠せずに活動するものがいます。姿を見ることは簡単ではありませんが、雪の上についた足あとから、たしかにいることがわかります。

▼氷につつまれた冬芽。夏のあいだにつくられた冬芽の中では、早くも来年の春に芽ぶく花や葉の準備ができている。

◀深い雪にうもれてしまったブナの森。ブナの木をはじめ、多くの生き物はこの中で深いねむりについている。

▲葉を落として裸になったブナの枝や幹に積もる雪。落葉樹にとって冬は試練の季節だが、ブナは冬がきらいなわけではない。日本海側の多雪地帯にはブナの森が多く見られる。

▲雪のくぼみで身をかくすトウホクノウサギ。体長※ 45～54cm。夏は茶色、冬は白い毛に変わり、天敵から見つからないようにしている。ノウサギは草食動物で、冬は雪の上にでている木の枝や冬芽などを食べている。

▲雪の上にのこされたウサギの足あと。大きいほうは後ろあし、小さいのは前あし。ジャンプするように走るので、前あしより前方に後ろあしがつく。このウサギは左上からきて曲がり、左下のほうに走っていった。

※ほ乳動物の体長は、頭部の先端（鼻や口）から尾のつけねまでをまっすぐにのばして測ったときの長さ。

コラム

ブナの仲間と日本のブナの分布

ブナの仲間

　ブナはブナ科に属する樹木で、ミズナラやコナラ、クリはその仲間です。実（果実）は殻斗とよばれる殻でつつまれています。ミズナラやコナラの果実は、いわゆるドングリとよび、ドングリのお皿や帽子といわれる部分が殻斗にあたります。ブナはブナ科の中でさらにブナ属にわけられ、日本のブナ属にはブナのほかにイヌブナがあります。イヌブナは、ブナにくらべて幹が黒っぽいのでクロブナともよばれています。

日本海側のブナと太平洋側のブナ

　日本のブナは、南は九州の鹿児島県大隅半島の高隈山から、北は北海道渡島半島の黒松内低地帯付近までが分布域です。ブナは温帯域の中でも冷涼な気候をこのみ、九州や四国、本州では、地形にもよりますが、標高1000m前後から1500mくらいの範囲に分布しています。そして、北へ行くほど低い土地でも見られ、北海道や東北の一部では低地にも分布しています。

日本列島のブナの分布図

黒松内低地帯のブナの葉

真昼山地のブナの葉

冠山山地のブナの葉

太平洋

日本海

紀伊山地のブナの葉

関東山地のブナの葉

高隈山のブナの葉

※緑色の部分がブナの分布している地域。

『Newton special issue 植物の世界 第4号』（教育社）を参考に作図。

　同じブナでも日本海側のブナと太平洋側のブナでは少しことなり、日本海側のブナの葉は大きいのにたいし、太平洋側のブナの葉は厚く小さい傾向にあります。これは葉が開くころの日本海側は残雪でしめり気が多いのに、太平洋側は雪がほとんどなくて乾燥が強く、それにたえるために葉を小さくしているのだと考えられています。また、日本海側ではブナだけの森（ブナの純林）が見られますが、太平洋側はブナだけが密集して生える森は多くはありません。

　同じブナ属のイヌブナはブナより標高の低い土地に生え、四国、九州、本州に分布しています。ただし、本州では岩手県以南の太平洋側にだけ分布していて、日本海側では見られません。

▲ブナの実（中央）と殻斗。殻斗につつまれて中に実が2個ずつ入っている。実の長さ1.2～1.3cm。

▲ミズナラのドングリ。お皿のような部分が殻斗。実の長さ約3cm。

▶"いが"につつまれたクリの実。いがの部分が殻斗。殻斗の直径約10cm。

◀イヌブナは高さ25mになる高木。ブナは幹が上にのびるが、イヌブナは根もと付近から幹が何本にもわかれることがある。

第2章
ブナの森にくらす生き物たち

　ブナの森では、ブナの木を中心にいろいろな生き物がともにくらしています。森の中では植物が光合成でつくりだした栄養分を基礎にして、昆虫、魚類、両生類、は虫類、鳥類、ほ乳類たちが食べたり食べられたりしながら命をつないでいきます。いずれの生き物も寿命がくると死にますが、その死がいは菌類や微生物が分解して土にもどします。ブナの森ではどんな生き物がどのようにくらしているのか、その多様な姿を見ていきましょう。

第2章―ブナの森にくらす生き物たち

ブナの森の木のすみわけと森の構造

木の種類による生育場所

　ブナの森には、ブナの木だけが生えているわけではありません。ふつうブナの森は山にありますが、山の地形によって植物の生育環境はちがいます。尾根筋は乾燥気味なので、それにたえられるクロベやキタゴヨウマツなどの針葉樹が生えます。いっぽう、沢ぞいはしめっているので、水分の多い土地をこのむトチノキやサワグルミ、カツラなどの背の高い木が生えています。ブナが生えているのはその中間のしめりぐあいの土地です。

　植物は太陽の光や水分など、さまざまな環境をめぐって競争しながらすみわけています。いろいろな植物がすみわけている森ですが、全体としてブナが多いので「ブナの森」とよぶのです。

▲マツの仲間で、枝先に針状の葉が5つ束になってつくキタゴヨウマツ。本州北部に分布し、高さ30mにもなる常緑の高木。

▶渓流のそばに多いカツラの木。高さ30mにもなる落葉高木。

ブナの森の樹木のすみわけ

　ブナの森に生える植物は、土地の気候、地質、地形などでことなる。本書で紹介している西和賀地方のブナ林がある真昼山地は、百数十万年前にはじまった地殻変動により隆起した若い山で、いまも隆起がつづいている。標高は高くはないが、けわしく深い谷が多い。1896（明治29）年の陸羽地震では断層が動き、山中のあちこちに崩壊地形ができて自然環境は複雑で多様。くわえて日本海側の多雪な気候の影響も、森の植物の生育環境を複雑多様にしている。

ブナの森を構成する四層の植物

　ブナの森では、ブナをふくむ高い木ぎ（高木）の下に、ハウチワカエデのような高木につぐ高さの木（亜高木）が生え、その下にはオオカメノキやオオバクロモジなどの背の低い木（低木）が生えています。これらは冬には葉を落としてしまう落葉樹です。さらにその下の地面近くには、ヒメアオキ、エゾユズリハなどの一年中緑の葉をつける常緑樹が生えています。林床には、かわいらしい花をさかせるイワウチワ、ユキザサのほかに、チマキザサやチシマザサなどのササの仲間、そして、スゲなどの草やシダの仲間も見られます。

　このようにブナの森では、背の高さがちがう植物が階層をつくり、林内の空間をすみわけています。さらに、これらの木に巻きついてくらすフジやツルアジサイ、ツタウルシなどの木本性※の「つる植物」も森を構成する植物の一員です。

▲花びらがなく、おしべがめだつブラシのようなウワミズザクラの花。沢ぞいに生える高さ10～15mの落葉高木。

▲カメの甲らのような形の葉をもつオオカメノキ。高さ2～4mの落葉低木。虫がこのむのでムシカリという別名がある。

▲日本海側の多雪地帯に分布する常緑のユキツバキ。高さ1～2m。冬は雪で地表におしつけられているが、春になるとおきあがり花を開く。太平洋側にはにたヤブツバキが分布する。

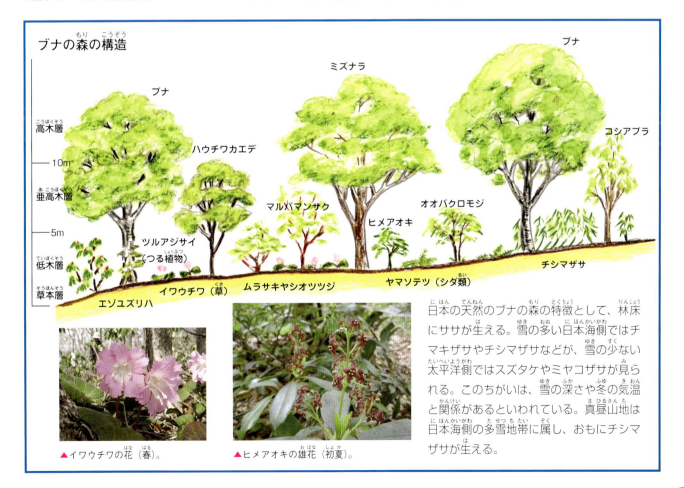

▲イワウチワの花（春）。

▲ヒメアオキの雄花（初夏）。

日本の天然のブナの森の特徴として、林床にササが生える。雪の多い日本海側ではチマキザサやチシマザサなどが、雪の少ない太平洋側ではスズタケやミヤコザサが見られる。このちがいは、雪の深さや冬の気温と関係があるといわれている。真昼山地は日本海側の多雪地帯に属し、おもにチシマザサが生える。

※木本とは地上部分が多年にわたって生きつづけ、幹や枝がかたく木質化している植物のこと。一般には木とか樹木という。草本は木本にたいする言葉で草のこと。森を構成する高木、亜高木、低木層にたいして、林床に生える草本類や木本類の芽生えや幼樹を林床植生という。

第2章—ブナの森にくらす生き物たち

春のブナの森にさく草花

春のひとときに生きる

ブナの森でも林床にササが生えていないような場所では、雪どけとともにいっせいにスプリング・エフェメラルの花たちがさきみだれます。これらは「春植物」ともいい、森の木ぎが葉を開く前に芽をだし、花をさかせて来春に芽生えるときの養分をたくわえると、地上から姿を消します。

植物の基本は光合成をおこない、自分で栄養分を生みだすことです。栄養分を生きるためのエネルギーにするとともに、からだをつくることに使います。春植物は林床に日光がたくさんそそぐ季節に集中して成長することを選んだのです。

▲森の湿地でさくミズバショウ（奥）とキクザキイチリンソウの花（手前）。ミズバショウの白い部分は花をまもる"ほう"とよばれる葉が変化したもの。高さ10〜20㎝。ミズバショウは春植物ではないが、この季節に花がよくめだつ。葉は大きく成長して長さ80㎝、幅30㎝にもなる。

春植物の代表カタクリとほかの花

春植物を代表するのはカタクリです。1年のうちで地上に姿を見せるのは2か月ほど。花をさかせて実を結び、種子をばらまくと地上部分はとけるように消えてしまいます。あとは養分をたくわえた地下茎（鱗茎）の姿ですごします。いっぽう、カタクリの花と同じころ、春植物の一生とはちがいますが、ほかにも美しい草花がさきます。

▼春の光をあびて花をさかせるカタクリの群落。日がさして気温があがると花びらを開き、チョウやハチなどの昆虫をよんで受粉を手伝ってもらう。

▲林の日だまりにさく春植物のニリンソウ。高さ約20㎝。花びらに見えるのは花をまもる"がく"。1本の茎から2輪の花がさくのでこの名がある。

▲しめり気のある林の中や林の縁に生える春植物のオトメエンゴサク。花からよい香りがただよう。高さ10～25㎝。

▲花がさくのと葉が開くのとがほぼ同時のスミレサイシン。春植物と同じころに見られる。高さ5～15㎝。ややしめり気のある場所に生える。

▲春植物と同じころ、白やピンクの花をさかせるミスミソウ。高さ10～15㎝。葉は常緑で三角形に近く、3つにわかれるところからこの名がある。

▲3枚の大きな葉の中央から短い茎をだして小さな花を1輪さかせるエンレイソウ。高さ20～40㎝。ややしめった場所に生える春植物。

▲春植物と同じころ、沢ぞいで小さな花をさかせるコチャルメルソウ。高さ10～15㎝。実はラッパ（チャルメラ）のような形なのでこの名がある。

▲雪どけ後の日のよくあたる場所にさく春植物のフクジュソウ。花の直径3～4㎝。さきはじめの茎は短く背が低いが、やがて30㎝にもなる。

第2章―ブナの森にくらす生き物たち

春植物と昆虫の関係

春植物の昆虫をよぶ"しくみ"

カタクリなど春植物の花は、虫がいないと受粉ができません。花の季節にはヒメギフチョウやニホンミツバチ、ビロードツリアブなどの多くの虫たちがおとずれます。春植物はこれらの昆虫にきてもらうための"くふう"をしています。

よくめだつ花びらは、昆虫たちをよびよせるために、植物が葉を変化させたものです。カタクリでは、さらに花びらの内側に蜜標という"しるし"をもうけて、虫に蜜のある場所を教えて誘導する"しくみ"をそなえています。

▲スミレサイシンの花にやってきたビロードツリアブ。大きさ0.8〜1.2cm。ビロードのような毛をからだにまとっている。気温が低い春先は、ビロード状の毛は保温にすぐれていると考えられている。

昆虫のスプリング・エフェメラル

春植物にやってくる、春の女神とよばれるヒメギフチョウも、春を代表するチョウの仲間です。親が産んだ卵は幼虫からサナギへと短期間で変態して、サナギになったあとは来年の春まで、1年

▲カタクリの花に蜜をすいにきたヒメギフチョウ。翼開長※は4.8〜6.5cm。ヒメギフチョウの成虫も、1年のうちこの時期にしか見られないスプリング・エフェメラル。

▲カタクリの花びらにある蜜標。よく見ると蜜標の形にはいろいろある。

◀幼虫が食べる草（食草）のトウゴクサイシンの葉に産みつけられたヒメギフチョウの卵。産みたての卵はまるで真珠のようにかがやいている。卵の直径約1mm。

▲ヒメギフチョウの幼虫。ふ化後まもない若齢幼虫には、集団になって食草を食べる習性がある。

▲脱皮しながら大きくなった終齢幼虫。このあと枯れ草や落ち葉の下でサナギになり、来年の春までねむりつづける。

22　※翼開長は、はねを最大にひろげたときの、はねの端から端までの長さ。

の大部分をサナギの姿でねむります。春のひとときだけ姿を見せてあとは消えてしまうので、やはりスプリング・エフェメラルとよばれます。

花の中をあたためて待つ

フクジュソウのように、多数の花びらがならんだパラボラアンテナのような形の花は、花の中心部に太陽光線が集まるので内部があたたまります。まだ気温の低い春先、変温動物の昆虫はあたたかい場所に集まってきます。このような形の花は、あたたかい場所をもうけることで昆虫をよびよせ、受粉を手伝ってもらっているのでしょう。

▲フクジュソウの花にやってきたアブの仲間。パラボラアンテナ形の花は、凹面鏡のように日光を集めるので花の内部はあたたか。花の大きさは3〜4cm。ハエやアブの仲間は、春先のわりと早い時期から活動をする。

ブナの森の1年とカタクリ、ヒメギフチョウのくらし

カタクリが地上に姿を見せるのは、春、ブナの木の葉がひらく前後の一時期だけ。おおいそぎで花をさかせて種子をのこし、葉でつくった栄養分を地下の鱗茎（球根）にたくわえるとねむりにつく。いっぽう、ヒメギフチョウも成虫や幼虫が見られるのは春の短い期間で、あとはサナギの姿でねむる。

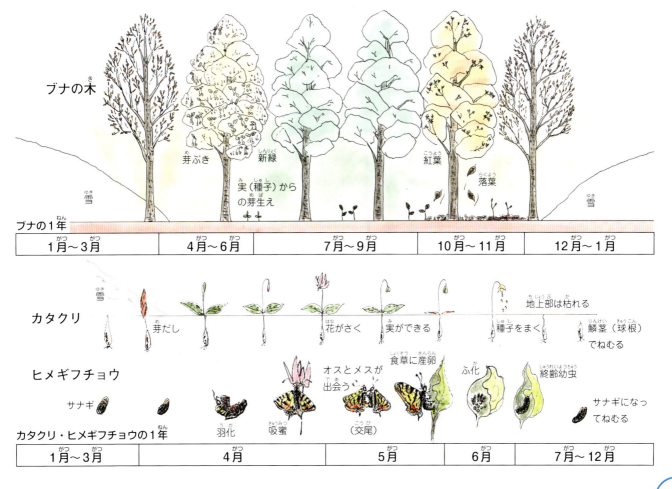

第2章－ブナの森にくらす生き物たち

おくれてさきはじめる草花

初夏の森やその周辺でさく草花

　春の花たちが終わりを告げるころには、ブナの森の木ぎはすっかり葉をひろげています。そのため太陽の光は弱められ、やわらかな緑の光が林床にそそぐようになります。葉を通したやわらかな光は、その下で出番を待っていた次の草花の命をやさしく育みます。そして、やがて開いた花たちは、あやしい色と香りをふりまいてブナの森をかがやかせていきます。

　初夏から夏にかけてさく草花は、春先に花をさかせる春植物よりも少ない光で成長できます。しかし、植物であるかぎり、生きるために光合成をしなくてはなりません。そのために少しでも多く光※を得ようと、ほかの植物より背たけをのばしたり、葉っぱをまわりにひろげたりするなど、生きぬくための"くふう"をしています。また、草花が生えているのは森や林の縁（林縁）や木ぎがまばらなところ（疎林）で、比較的光がよくあたる場所です。

▲林床から見あげた初夏のブナの森。ブナをはじめとする樹木の葉ですっかりおおわれ、林床にとどく光は春先にくらべるとかなり減ってしまう。

▲初夏、花と葉が同時に開くトガクシショウマ。高さ30〜50㎝。長野県戸隠山で最初に採集された。

▲初夏、うす紫の花をさかせるシラネアオイ。高さ20〜40㎝。4枚の花びらに見えるのは"がく"。

▲夏、茎の先に白い花を数個つけるサンカヨウ。高さ30〜60㎝。茎につく葉は大小2枚、フキの葉のような形をしており、花は小さい葉のほうにつく。ややしめった場所に生える。

▲鏡のような光沢のある葉をもつオオイワカガミ。初夏、花茎の先に花をさかせる。高さ10〜15㎝。

▲初夏、黄色い花をさかせるオオバキスミレ。高さ5〜20㎝。日本海側の多雪地帯に多く分布。

▲初夏、5〜7枚の白い花びらが半開きでさくヤマシャクヤク。高さ30〜60㎝。花の期間2〜3日。

▲夏、太い茎の先に小さな花をさかせるエゾニュウ。高さ2〜3m。キアゲハの幼虫の食草になる。

※光の環境によって草花の成長はちがい、草の高さもちがってくる。

▲夏、おしべとめしべが高くつきでた花をさかせるタマガワホトトギス。高さ40〜80cm。

▲夏、1本立ちした茎に緑白色の花を10数個横向きにつけるオオウバユリ。高さ60〜100cm。

▲夏〜秋、花びらの組み合わせが「大の字」に見えるダイモンジソウ。高さ10〜30cm。

▲夏〜秋、紫色で独特なかぶと状の花をさかせるオクトリカブト。高さ2mにもなる。

▲秋、星形の花をさかせるアケボノソウ。高さ60〜90cm。花びらの先端に斑点模様がある。

▲秋、ウメににた花をさかせるウメバチソウ。高さ10〜40cm。蜜のように光るにせの蜜腺がある。

夏から秋にかけてさく草花

コエゾゼミの鳴き声がブナの森にひびきわたるころ、真夏の強い日ざしを和らげてくれる林冠の下はひんやりとして、その空気は沢の冷気とともに森の縁や沢ぞいを流れていき、まるで天然のクーラーです。そんな森でめだつのが、大きくあざやかな夏の草花たちです。

朝晩のすずしい風を感じるようになると、秋の草花たちがさく季節となります。

◀◀◀◀ **もっと知りたい** ▶▶▶▶

光合成をしない植物

初夏から夏にかけて、木ぎの葉がしげり、森の中がうす暗くなる林床で、全身が白く、鱗状の葉をつけた茎の先から、うつむき加減に花をさかせる植物はギンリョウソウです。地中の菌類に寄生し、栄養をとって生きる腐生植物です。自分で光合成をしないで、地中の菌類と共生しているのです。その菌類（菌根菌→44ページ）は樹木の根をつつむようにつながり、やはり共生しています。菌類は土の中からリンや窒素を吸収して樹木にわたし、樹木から光合成でできた栄養分をもらって生きています。つまり、ギンリョウソウは樹木が光合成でつくりだす栄養分を菌類経由でもらっているのです。

なお、ギンリョウソウにはマルハナバチなどがきて受粉を手伝い、果実ができます。

▲うす暗い森の林床で花をさかせるギンリョウソウ。高さ5〜15cm。円内のギンリョウソウの根には菌類がつながっている。

樹木にさく花たち

春先の樹木にさく花

ブナの森では、足もとにさく草花に目をうばわれがちですが、木ぎの枝先にも目を向けてみましょう。さまざまな色や形の花がさいているのに気づくでしょう。

春先、ブナの森で真っ先に花をさかせる樹木は、低木のマルバマンサクです。残雪の上にでた枝から黄色い"ひも"のような花をさかせます。春先に「まんずさく」（東北弁で、「まずさく」の意味）ところからこの名がつけられました。その後、雪どけとともに木ぎの美しい花が、ブナの葉が開くとともに森をいろどっていきます。

▲春先、花が葉に先がけてさくマルバマンサク。高さ2～3mの落葉低木。雪におおわれて曲げられても折れず、春になるとおきあがる。

▲春先、葉に先がけて花がさくタムシバ。高さ5～18mの落葉亜高木～高木。別名ニオイコブシ。コブシの花ににていてよい香りがする。

▲春先、ほかの木ぎより早くさくコブシ。高さ約18mの落葉高木。遠目にサクラがさいたように見え、田をたがやす"めやす"にされる。

▲初夏、緑につつまれた林縁などに生え、木にからみつきながら樹冠にひろがっていき、房状の花をさかせるフジ。木本性のつる植物。

▲春先、葉が開くよりわずかに早く花が開くオオヤマザクラ。高さ20mにもなる落葉高木。日あたりと水はけのよい土地に育つ。寒さや風にも強い。背後の残雪の山ではブナの峰走りの最中。

▲雄の木（雄株）と雌の木（雌株）が別べつに生えている雌雄異株のカツラの花。左は雌株にさいた雌花、右は雄株にさいた雄花。花の季節は木全体が紅葉したように見える。渓流ぞいに多く生える。

▼初夏から夏にかけ、枝先に白い小さな花を円すい状にさかせるサワフタギ。沢ぞいや湿地に生える高さ2～3mの落葉低木。

◀春から初夏、森が緑色の葉でおおわれはじめる中で、明るいめだつ色の花をさかせるムラサキヤシオツツジ。高さ1～2mの落葉低木。尾根などのかわいた場所に生える。

初夏から夏にさく樹木の花

　森の木ぎの花が開き、緑が一段落すると、初夏から夏にかけて、森をいろどる木ぎの花たちが次つぎとさいていきます。

　ブナの森には、ブナのほかにも風の力で受粉する風媒花をさかせる樹木と、虫に受粉を手伝ってもらう虫媒花をさかせる樹木があります。それぞれの花はどんなしくみでしょうか。花はどんな色でしょう。また、森の中の高木、亜高木、低木のどれにあたるのか、調べてみましょう。

▲初夏、大きな白い花をさかせるホオノキ。30mにもなる落葉高木。めしべとおしべの成長をずらして自家受粉をふせいでいる。花の開きはじめはめしべが花粉を受けとって受粉しやすい雌性期（左）、花を閉じて2日目からは雄性期となり花粉をだす（右）。おもに甲虫類がやってくる。

▲初夏から夏にかけて白い花をたくさんつけるヤマボウシ。5〜10mの落葉亜高木。白くめだつのは花びらではなく、花全体をささえる総ほう。

▲ハウチワカエデは初夏、赤い花をたくさんたれさげる。高さ5〜15mになる落葉亜高木〜高木。葉の形が天狗がもつ"うちわ"ににている。

▲夏、小さな花を房状につけるシナノキ。20m以上になる落葉高木。シナには"しばる"という意味があり、樹皮の繊維は縄や布になる。

◀◀◀◀ **もっと知りたい** ▶▶▶▶

春の森のめぐみ――山菜のいろいろ

　ブナの森は縄文時代の大昔から人びとのくらしに多大な恩恵をあたえてきました。なかでも春の山菜は、重要な食べ物として人びとの命をつないできました。草食動物が春の芽ぶいたばかりの葉をこのんで食べるように、人間も新鮮でみずみずしい山菜がすきです。芽ぶきのころの植物は栄養分にとんでいるのです。

　人間はとれたての山菜を食べるだけではありません。多種多様な山菜を乾燥させたり、塩づけにするなどして、いろいろとくふうしながら保存食にもしてきました。また、まちに出荷して、数少ない現金収入源として山村のくらしをささえてきました。

▲コゴミ（クサソテツ）
◀ウド

▲シドケ（モミジガサ）
▶ゼンマイ

ブナの森をにぎわす昆虫

森の多様な環境を利用する昆虫

　ブナの森では、ブナ以外にも多種多様な植物が育ち、それらの植物を利用するガやチョウ、セミ、甲虫、ハチ・アリの仲間などがいます。さらに林内を流れる渓流や沼、湿地には、トンボや水生昆虫などの多種多様な昆虫もくらしています。ブナの森で種類、数ともに最も多い動物は昆虫です。

　昆虫は種類によって森の利用のしかたがちがいます。あるものは草食ですが、あるものは草食昆虫やそのほかの昆虫を食べる肉食です。なかには、植物も死んだ動物も食べるアリのような雑食の昆虫もいます。森では植物が光合成でつくりだす栄養分が基礎になっていて、それをめぐって多種多様な昆虫がやってくるのです。

▲ブナの葉を食べるガの仲間のブナアオシャチホコの幼虫。体長約40mm。なぜか葉がかたくなる夏にでてくる。8〜10年周期で大発生するが、いろいろな天敵があらわれるので、ブナの森が枯れることはめったにない。

もちつもたれつの関係

　ブナの森で見られるガの仲間にはブナアオシャチホコ、オオミズアオ、チョウの仲間にはキアゲハ、フジミドリシジミなどがいます。ガやチョウの幼虫は植物の葉や花を食草にするので、植物には迷惑な昆虫です。しかし、日中活動するチョウには、花に蜜をすいにくるときに受粉を手伝うものもいます。ガはおもに夜行性で、ある種のガは夜さく花にやってきて受粉を手伝います。

　初夏から夏にかけて森でにぎやかに合唱するのは、エゾハルゼミやコエゾゼミなどです。セミの仲間は幼虫も成虫も針のような口で樹液をすって栄養をとります。

▲あわい緑色が美しいオオミズアオ。翼開長80〜120mm。幼虫はブナの仲間のほかにサクラなど、多種類の木の葉を食べる。サナギで冬をこして初夏と夏の2回発生する。

▲ノアザミの花に蜜をすいにきたキアゲハ。翼開長70〜90mm。チョウの多くは明るい場所がすき。林縁や林の中の日当たりのよい場所にできた草原にさく花にやってくる。円内はキアゲハの幼虫（終齢）。体長約50mm。食草はセリの仲間。あたたかい地方では年2〜4回発生するが、ブナが育つような冷涼な土地では年1回。サナギで冬をこす。

▲ブナの森の宝石といわれるフジミドリシジミ。翼開長30〜40mm。卵で越冬、春にふ化。幼虫はブナの新芽や若葉を食べて成長、初夏に羽化。発生は年1回で、ガのように大発生はしない。

▲初夏の森で鳴くエゾハルゼミのオス。オスの全長※38〜44mm。「ヨーキン、ヨーキン、ケケケケケ」とリズムをつけて鳴く。鳴くのはオスだけで鳴き声はメスへの恋の歌。

▲夏、エゾハルゼミよりおくれてでてくるコエゾゼミ。全長48〜54mm。ブナやミズナラのほかにさまざまな樹木にとまり、「ギィー」と単調に鳴く。北からやってきた北方系のセミ。

▲葉を巻いてその中に卵を産みつけるウスアカオトシブミ。全長8〜12mm。草食の甲虫類。葉の中でふ化した幼虫は葉を食べて育ち、やがて地面にもぐり、サナギとなって羽化の日を待つ。

▲ブナアオシャチホコの幼虫を食べるクロカタビロオサムシ。全長22〜31mm。肉食の甲虫類。オサムシの仲間は、はねが退化して飛べないものが多いが、この虫はりっぱなはねがあり飛べる。

▲頭部のかんむり状の突起がめだつミヤマクワガタ。全長23〜79mm。ミヤマは深山で奥山の意味。奥山のブナの森があるような標高が高く冷涼で湿潤な森をこのむ。

▲全長1cm前後しかないルリクワガタ。クワガタの特徴の大あごはないが、からだの色が青や緑、黄色など、変化にとみ美しい。成虫は春から初夏にかけてブナの新芽に傷をつけて樹液をすう。

　クワガタの仲間にはミヤマクワガタ、ルリクワガタなどがいます。クワガタの成虫は木からしみだす樹液をなめて栄養にします。いっぽう幼虫は倒木などにもぐりこみ、朽ち木を食べながら成長します。ほかにも朽ち木や落ち葉を食べる甲虫類の幼虫もいます（→46〜47ページ）。これらの昆虫は朽ち木を森の土にもどし、森の再生に一役買っています。

　ブナの森では、ときおりブナアオシャチホコなどのガの幼虫が大発生します。ブナの葉を食べつくす勢いですが、そんなときは天敵の寄生バチがあらわれ、また、幼虫を食べるクロカタビロオサムシもふえます。

▲雪のある2〜3月にでてくるセッケイカワゲラの成虫。全長約10mm。ふつうはねがなく、藻類などを食べる。夏、幼虫は川底でねむり、秋になるとでてきて、水中の落ち葉などを食べて成長する。

▲ゆるやかな清流にくらすニホンカワトンボ（オス）。全長50〜68mm。オスは水辺の草や石にとまってなわばりをつくり、メスがくると求愛行動をとる。成虫も幼虫（ヤゴ）も肉食で、ほかの昆虫などを食べる。

※セミの全長は、はねを閉じた状態のときの頭部からはねの先までをまっすぐに測った長さ。そのほかの昆虫の全長は、頭部から尻の先端まで。ただし、クワガタは大あごの先端から尻の先端までの長さ。

森の渓流や湿地の生き物

生き物でにぎわう森の水辺

　ブナの森を流れる川は清くすんでいて、そこにはイワナ、カジカ、スナヤツメなどの魚の仲間や、カジカガエル、キタオウシュウサンショウウオなどの両生類がくらしています。水際にはカワトンボなど、トンボの仲間の幼虫（ヤゴ）をふくめた水生昆虫のカワゲラ、トビケラ、カゲロウなどがすんでいます。これらの昆虫は、川魚やカエル、サンショウウオのえさになっています。

森の池沼は生き物のゆりかご

　森の中の水たまりや沼では、早春から初夏にかけてクロサンショウウオ、トウホクサンショウウオ、モリアオガエル、ヤマアカガエル、アズマヒキガエルなどが産卵のためにやってきます。ブナの森の池沼はまさに森の生き物たちの"ゆりかご"

▲ブナの森の中を流れる渓流。雪どけの季節には、森の中に小さな流れができることも多い。

▶きれいな流れの沢でくらすサワガニ。甲らの幅2～3cm。雑食性で藻類や水生昆虫、カタツムリなどを食べるが、ヒキガエルやアカショウビン、イタチなどに食べられる。

となります。カエルはオタマジャクシの時代を水中でえら呼吸をしてくらし、おとなになると陸にあがって肺呼吸をします。上陸後は森のしげみの中で昆虫やミミズなどを食べてくらします。
　これらの生き物のほかに、ブナの森の湿度が高い環境をこのむ陸生の貝類もくらしています。

◀ブナの森の中の沼。雪どけの季節には、森の中のあちこちに小さな水たまりができ、生き物の"ゆりかご"になる。

▲渓流にくらすイワナ。大きいものは全長※30cm以上。山奥の水温の低い川にくらし、水生昆虫の幼虫や水面に落ちてきた昆虫などを食べる。

▲礫が多い川底にくらす魚のカジカ。全長約10cm。礫の色や模様ににているので敵の目をごまかせる。水生昆虫や小魚などをえさにする。

▲えらの穴が7つあるスナヤツメ。子ども時代は目がなく、ミミズのような姿で藻類などを食べる。おとなになると目があらわれる。全長約20cm。

※魚類の全長は、頭部の先（ふつうは口）から尾びれの先まで、まっすぐにのばして測ったときの長さ。

▲初夏、森の沼のほとりで出会ったモリアオガエルのペア。上がオスで体長※ 4.2～6.2cm、下はメスで体長 5.9～8.2cm。

▶沼のほとりの木の枝に産みつけられたモリアオガエルの卵のかたまり。卵は泡状の物質でまもられている。卵がかえるころには泡はとけ、オタマジャクシは下の沼に落ちてそこで育つ。

▲早春の水辺で産卵のために抱接するヤマアカガエル。上がオス、下がメスで体長 4.2～7.8cm。産卵後、冬眠場所にもどり、えさがとれる季節までまたねむる。

▲早春、産卵のために冬眠から覚めてでてきたアズマヒキガエル。体長 6～15cm。産卵後はヤマアカガエル同様、冬眠場所にもどって、えさがとれる季節までまたねむる。

▲森の中の沼にアズマヒキガエルが産んだ帯状の卵塊。

▲初夏の渓流ですずしげな声で鳴くカジカガエル。オスの体長 3.5～4.4cm。カエルが鳴くのはオスだけ。鳴き声はメスへの恋の歌。

◀落ち葉の下や、木の幹、岩かげで藻類などを食べてくらすキセルガイの仲間。殻の高さ約 2.5cm。サワガニなどのえさになる。

◀春、産卵まぎわのお腹の大きいクロサンショウウオのメス。全長※ 13～16cm。サンショウウオはカエル同様、幼生時代は水中でえら呼吸をし、おとなになると肺呼吸に変わり、陸上でもくらす。円内は沼に産みつけられたクロサンショウウオの卵のかたまり。1つの袋の中に 30～40 個の卵が入っている。

▲樹木や岩に生える藻類、キノコなどを食べるヤマナメクジ。ふだんは倒木などの下にひそみ、夜間に活動、雨の日は昼間もでてくる。大きいものは全長 15cm にもなる。

※カエルの体長は頭部の先端（口の先）から尻までまっすぐに測ったときの長さ。サンショウウオの全長は頭部の先端（口の先）からしっぽの先まで、まっすぐにのばして測ったときの長さ。

第2章―ブナの森にくらす生き物たち

ヘビやトカゲなどのは虫類

季節の変化と食べ物事情

　ブナの森にくらすヘビやトカゲなどのは虫類は肉食です。生きた動物を食べることで活動エネルギーを得ると同時にからだをつくります。

　昆虫類や魚類、両生類、は虫類のいずれも、気温の変化とともに体温も変わる変温動物です。気温が低くなると体温が下がり、活動がにぶります。そこで、変温動物の中で、は虫類は寒い冬を冬眠という方法で体力の消耗を防いでいます。冬眠場所は、おもに石の下や土の中などです。

は虫類のような生きたえものを食べてくらす動物は、森がたくさんの生き物でにぎわうころに姿をあらわします。いっぽう、気温が高すぎる真夏には、は虫類の活動はにぶくなってしまいます。そこで体力の消耗をさけるため、じっと動かずに夏眠するものもいます。

種類によってちがう活動時間

　ブナの森にくらすヘビの仲間は、おもに日中活動しているので見ることができますが、ヒバカ

▲からだのしま模様が特徴のシマヘビ。ネズミやカエル、トカゲ、ヘビなどを食べる。成長すると全長※150㎝くらいになる。ほかのヘビにくらべて、とても気性があらく攻撃的。目の虹彩が赤いのが特徴。

▲大きいものは全長200㎝にもなる日本のヘビでは最大のアオダイショウ。お腹のウロコにある隆起をうまく使って木にのぼり、小鳥の巣をおそって卵やヒナを食べる。地表ではネズミをとらえて食べる。

▶とぐろを巻いたヒバカリ。全長40～65㎝。森の中にある水辺をこのみ、泳ぐのがじょうず。魚やカエル、ミミズなどを食べる。

▲背中に通る黒い縦じまが特徴のタカチホヘビ。全長30～60㎝。昼間は落ち葉や倒木の下などにひそんで休み、夜間、活動して甲虫類の幼虫やミミズを食べる。ほかのヘビにくらべて、とてもおとなしく美しいヘビだが、夜行性のためめったに見ることができない。

◀森のそばの路上にでてきたジムグリ。全長70～100㎝。林床をこのみ、地中や石の下にもぐるのでこの名がある。ネズミやモグラを食べる。朝夕の気温が低い時間帯に活動し、夏は高温になると不活発になる。

※ヘビやトカゲの全長は、頭部の先端（口の先）からしっぽの先まで、まっすぐにのばして測ったときの長さ。

リ、タカチホヘビ、シロマダラの3種類は夜行性のため、めったに出会うことはありません。そのためこれらの3種はめずらしいヘビとされていて、見つかると新聞にでるほどです。

マムシとヤマカガシは毒をもっているので危険です。むやみにつかまえるなどしないよう気をつけましょう。

▶とぐろを巻いたニホンマムシ。全長45〜60㎝。毒ヘビで三角形の頭部とからだの銭形紋が特徴。水場のまわりでネズミやカエル、イモリなどのほかに昆虫などを食べる。

▲黒褐色の横じまがあるシロマダラ。全長30〜70㎝。敵におそわれると毒ヘビのまねをして相手をおどかす。トカゲなどを食べる。めったにお目にかかれず、見つかるとニュースにもなる。

▲水辺をこのむヤマカガシ。全長60〜120㎝。奥歯とくびの部分に毒腺がある毒ヘビ。カエルやオタマジャクシ、ニホンカナヘビなどを食べるが、天敵のシマヘビやワシ・タカ類に食べられる。ふつうに見られるヘビ。

▲ヘビという名前はついているがヘビではなく、トカゲの仲間のニホンカナヘビ。トカゲの中ではとくに尾が長く、全長16〜20㎝。その3分の2以上が尾にあたる。森の中よりどちらかというと林縁やその周辺の明るい草地でよく見られ、昆虫類やクモなどを食べている。

▲からだの色が美しいヒガシニホントカゲ。全長15〜20㎝。従来ニホントカゲとよんでいたものが遺伝子を調べたところ新種とわかり、新しい名前でよばれるようになった。昆虫やクモ、ミミズなどを食べる。天敵はヘビやモズ、イタチの仲間。夏の川原などでよく見かける。

33

第2章 ― ブナの森にくらす生き物たち

森は野鳥の音楽堂

子育てにやってくる夏鳥

日本のブナの森で子育てをする鳥類は、79種いることが確認されています。これは日本の森林原野で子育てをする鳥150種の半数以上にあたります。これらの79種は、ブナの森だけで子育てをしているわけではありません。79種のうち27種は、冬ごしをしていた南方からわたってくる夏鳥です。初夏から夏にかけて、ブナの森をふくむ日本の森林原野は、昆虫や小動物がたくさん発生する時期にあたっています。野鳥の中でも小鳥たちは子育てにたくさんの昆虫を必要とするのです。

さえずりは小鳥たちの恋の歌

初夏から夏のブナの森は鳥の歌声がひびきわたり、まるで音楽堂のようです。鳥たちは子育ての前に、オスとメスが出会う必要があります。小鳥のさえずりは、オスがメスにプロポーズするとき

▲木の枝にとまったアカショウビン。夏鳥。全長※約27cm。「キョロロロロ」とひびきわたる声で鳴く。カワセミやヤマセミの仲間だが、魚よりもカエルやサワガニ、水生昆虫などをよくとり、森の中ではカタツムリやトカゲもとる。がけにほった巣穴や樹洞で子育てをする。

の「恋の歌」です。愛が成立すると巣づくり、産卵、子育てがはじまります。

巣づくりの場所は野鳥の種類でちがい、森の空間をじょうずに使いわけています。なかには托卵といって、ほかの鳥の巣に産卵して、その巣の親に卵をあたためさせ、かえったヒナの世話までさせる鳥もいます。

▲美しい声、美しい色のからだのオオルリのオス。夏鳥。全長約16cm。さえずりは「ヒーリーリー、チチン」。えさは昆虫やクモなど。

▲声もからだの色も美しいキビタキのオスも夏鳥。全長13～14cm。さえずりは「ホイヒーロ、オーシツクツク、チッチリリココインジ」。

▲毛虫をとらえたツツドリ。夏鳥。全長約33cm。鳴き声は「ポポ、ポポ、ポポ」。托卵をする鳥で、托卵相手はセンダイムシクイが多い。

▲木の枝で鳴くウグイス。全長約15cm。春は平地、夏は山地と日本列島内を移動する漂鳥。「ホーホケキョ」の鳴き声は春をつげる。

▲木の枝にひそむ昆虫をさがすアオゲラ。一年中同じ場所でくらす留鳥。全長約29cm。木に穴をあけて巣にする。木の中にひそむ昆虫以外に地上のアリも食べ、動物食の傾向が強い。

▲木にひそむ昆虫をさがすアカゲラ。留鳥。全長約24cm。昆虫やクモを食べるが、果実・種子も食べる。森には昆虫の幼虫が巣くう木があり、キツツキ類は虫をとりのぞく森の外科医。

▲白神山地のブナ林で子育てをしているクマゲラ。留鳥。全長約45cm。日本最大のキツツキ。北海道には多いが、本州では東北のブナ林でわずかに繁殖しているまぼろしの鳥。

34　※鳥の全長は、くちばしの先から尾ばねの先まで、まっすぐにのばして測ったときの長さ。

生態系の頂点に立つ鳥もすむ

クマタカなどの猛きん類は、ヘビやネズミ、ウサギなどをえさにしているので、小さな生き物から大きな生き物まで、さまざまな生き物がくらしているブナの森のような環境が必要です。クマタカのような大型の猛きん類は、その土地の生態系の頂点に位置づけられています。なお、野鳥の多くは昼活動しますが、猛きん類のフクロウは夜活動するネズミなどをおそう夜行性の鳥です。

▼森の生態系ピラミッドの頂点にいるクマタカ。留鳥。オスは全長約75㎝、メスは約80㎝。木の上でえものが通りかかるのを待ちぶせておそう。えものは中・小の動物。

▶長い尾ばねがめだつエナガ。留鳥。全長約14㎝。木の枝先でアブラムシのような小さな昆虫、ガの幼虫、クモをとるほか、草木の実をついばみ、樹皮からしみでる樹液をすうこともある。

◀木の枝にとまったキセキレイ。漂鳥。全長約20㎝。夏は森の中の渓流ぞいでくらし、水辺を歩きながら水中や岩かげにくらす昆虫類やクモ類をとらえて食べる。

▶木の枝にとまるゴジュウカラ。留鳥。全長約14㎝。木の幹に垂直にとまり、頭を下にして幹をまわりながらおりることができる。夏は昆虫類、冬は果実や種子を食べる。

▶長い尾ばねのヤマドリのオス。留鳥。全長はオス約125㎝、メス約55㎝。植物食中心の雑食性で、花、果実、種子、昆虫、クモ、甲殻類、ミミズなどを食べる。

◀目を閉じてじっとしている昼のフクロウ。留鳥。全長50〜62㎝。林縁の木にとまって待ちぶせ、森の開けた空間にでてきたノネズミなどの小動物をおそう。

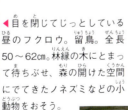

▶森の中の水辺でくらすカモの仲間のオシドリ。全長約45㎝。左がオス、右がメス。留鳥または漂鳥。なかには北方の繁殖地から渡ってくる冬鳥のオシドリもいる。水鳥のカモ類は木の枝にとまらないが、森にくらすオシドリは例外的にとまる。

日本固有のほ乳類もくらすブナの森

日本産の陸生ほ乳類の約半数がいる

　日本では、陸生ほ乳類は約120種が記録されています。これらのうちブナの森に生息するのは56種で、日本の陸上にくらすほ乳類の半分近くにおよびます。

　また、日本は島国のために約120種のうち約4割が固有種であるということです。固有種は大昔、大陸と陸続きだったときにくらしていた動物が、その後、海にかこまれるようになり、日本列島で独自に進化したものです。鳥類の場合と同じように、これらのほ乳類はブナの森だけに生息しているわけではありません。

▲シカと名がついているが、シカではなくウシの仲間のニホンカモシカ。体長110〜120cm。日本固有種。草木の葉、芽、果実などを食べる。季節的な移動はせず、なわばりをつくってくらす。冬は雪の下にかくれた草や、雪の上にでている木の芽、樹皮などを食べて生きのびる。

大小のほ乳類が森を使いわけ

　ブナの森のほ乳類は、小さなものから大きなものまでがくらしています。ツキノワグマやカモシカなどの大型ほ乳類がくらしていくためには、多くの食料やすみかを提供してくれる豊かなブナの森が最も適しているのです。

▶前あしと後ろあしのあいだの飛膜をひろげて滑空ができるニホンモモンガ。体長14〜20cm、尾の長さは約14cm。日本固有種。夜行性で樹上生活をし、木の芽や葉、果実、花の蜜、昆虫などを食べる。

▲夏毛のホンドオコジョ。体長約20cm、尾の長さは約10cm。イタチの仲間で冬眠をせず、冬毛は尾の先が黒い以外は真っ白。自分より大きなノウサギをおそう。

▲冬毛のホンドテン。体長47〜54cm、尾の長さ17〜23cm。日本固有種。夏毛では顔が黒い。イタチの仲間。ネズミ、ウサギ、リス、小鳥、昆虫以外に果実も食べる。

▶おもに夜行性で、昼間は見かけないニホンアナグマ。体長約50cm、尾の長さは約20cm。日本固有種。クマと名がつくがイタチの仲間。土の中にくらすミミズやコガネムシの幼虫をこのむ。土をほりだすために前あしのつめがするどく発達している。地中に巣穴をほり、雪の季節は冬眠する。

◀冬が近づき冬眠態勢に入ったヤマネ。体長6～8cm、尾の長さ4～6cm。日本固有種。夜行性で樹上にくらし、おもに昆虫を食べるが、草木の実や種子なども食べる。

▲しげみから顔をだしたツキノワグマ。体長約150cm、尾の長さは約10cmと短い。冬は木の"うろ"などで冬眠、メスは冬眠中に子どもを産む。冬眠中でも刺激をするとおきてすぐに行動できる。草木の根や若葉、ブナやミズナラなどの木の実、サワガニ、昆虫、ほ乳類の肉なども食べる。

▲地上にでてきたアズマモグラ。体長12～16cm、尾の長さ約2cm。日本固有種。森の地下にトンネルをほってくらし、土の中のミミズや昆虫を食べてくらす。1日に体重とほぼ同じ量のえさを食べないと生きていけない。

▲大きな耳のクロホオヒゲコウモリ。体長38～42mm。日本固有種。夜間飛びまわり、超音波を発してレーダーのように使い、コガネムシやカゲロウなどの昆虫をとらえて食べる。えさをとれない冬は、樹洞などで冬眠する。

　また、ブナの森のほ乳類には、活動時間帯が昼間のものと夜間のものとがいて、同じ森の空間を時間帯によってわけて利用しています。

▼えさをもとめて森の周辺の草地を歩くホンドギツネ。体長約70cm。ノネズミやノウサギをとらえて食べる。冬眠せずに活動し、雪の下でくらしているノネズミをじょうずにとらえる。

◀◀◀◀ もっと知りたい ▶▶▶▶

人里にでてくるツキノワグマ

　近年、ツキノワグマが人里までやってくるケースがふえ、人間に危害をあたえることもあり、問題になっています。原因のひとつはクマの生息地であったブナの森が伐採や大規模林道工事、リゾート開発などでうしなわれたことが関係していると考えられます。また、奥山と人里との境界線の役目をしていた里山が利用されなくなり、そこが通路となって奥山から人里までクマの行動範囲がひろがったことも考えられます。
　本来クマはおく病な動物なのですが、食べ物をもとめていつしか人里までくるようになったのでしょう。人里にあらわれたクマのほとんどは捕殺駆除されています。このせまい日本列島で、クマなどの大型動物とどうつきあうかが、いま問われています。

▶ミズナラのドングリをとるためにクマが実のついた枝をたぐりよせたあと。これを「クマだな」とよんでいる。

葉が色づくのは仕事じまいの合図

樹木の種類でちがう色づき方

　一面緑だったブナの森も、秋になると標高の高いところから色づきはじめます。木の種類により、赤や黄色にそまり、その色づきや色合いもさまざまです。赤く色づくのは、ハウチワカエデ、ツタウルシ、ミヤマガマズミ、ヤマボウシなど、黄色く色づくのは、イタヤカエデ、カツラ、ヒトツバカエデ、オオバクロモジ、トチノキなどです。

▲さまざまな落葉樹が色づきかがやく秋のブナの森。とくに低木がいろいろな色にそまる。

◀◀◀◀ もっと知りたい ▶▶▶▶

黄色や赤に色づくしくみ

　木ぎの葉には、光合成をするときに光を吸収するための緑色の色素（クロロフィル）のほかに、黄色い色素（カロチノイド）がふくまれています。秋になって日照時間が短くなると気温が下がり、光合成の能率が悪くなってきます。するとクロロフィルの働きが低下して、やがて分解されて消えていきます。するとそれまで緑色にかくされていたカロチノイドの黄色がめだってきます。これが黄色く色づく場合です。
　いっぽう、赤く色づく場合は、クロロフィルが分解されて消えていくとともに、光合成で葉の中にのこっていた糖分からアントシアンという赤い色素がつくられて、それがめだってくるのです。

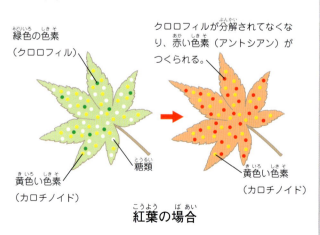

紅葉の場合

▲黄色から赤へと色づくハウチワカエデの葉。天狗の"うちわ"にたとえられるだけあって、葉は大きく色づくとよくめだつ。

▲黄色く色づくヒトツバカエデの葉。カエデの仲間だが、葉に切れこみがない。沢ぞいに生える高さ5〜10mになる亜高木。日本固有種。

▲赤くあざやかに色づくつる植物のツタウルシの葉。ウルシの仲間で皮ふがかぶれることがあるので注意が必要。

▲黄色く色づいたカツラの葉。カツラは高木になるので黄葉するとよくめだつ。黄葉のころ、砂糖をにつめたようなあまい香りがただよう。

▲黄色から茶色に色づくトチノキの葉。大きな葉のトチノキでは、1枚の葉で緑から黄色、茶色と色づくようすが見られることがある。

▲黄色く色づいたオオバクロモジの葉。ブナの森の樹木の中では低木なので、黄葉すると林の下層部が明るくかがやいて見える。

　ブナの場合は、はじめは黄色く、しだいに橙色になり、最後は茶褐色になってしまいます。なかにはヤマハンノキやヒメヤシャブシなどのように緑色のままで、やがて色あせて葉が枯れてしまうものもあります。

美しい紅・黄葉の条件

　落葉樹の葉が色づくのは、昼の時間が短くなって、最低気温が8℃を下まわる日がつづいたときです。くわえてよい天気がつづき、昼と夜の気温差がはげしいと美しい紅・黄葉が見られます。ブナの森は標高の高い土地にあるので昼夜の気温差が大きく、美しい紅・黄葉が見られるのです。
　葉を色づかせた木ぎは、冬がくる前に葉を落としてしまいます。日の光が弱く、寒さと乾燥のきびしい冬は、光合成の能率が悪いだけでなく、葉

▲雪の中で黄色く色づくイタヤカエデの葉。北国のブナ林では、紅・黄葉の最中に雪が降ることはめずらしくない。

をつけているだけで、それを維持するためのエネルギーを使ってしまうからです。紅・黄葉は、植物の葉が1年の仕事を終えて、葉を落としてねむりにつく前の合図なのです。

第2章―ブナの森にくらす生き物たち

命を宿した秋の木の実

果実は命をうけつぐカプセル

　秋のブナの森には、次代に命をつなぐための木の実が多くみのっています。その中には次の世代に引きつぐための命がねむっているのです。それだけではありません。栄養分もつまっています。そのため、木の実は森にくらす動物たちのたいせつな食べ物にもなっています。冬をまぢかにひかえて、動物たちはたくさん食べて皮下脂肪としてたくわえるだけでなく、冬のあいだの食料として巣穴にたくわえるものもいます。

　クリ、クルミ、ドングリなどの木の実は、春の山菜と同様、縄文時代の大昔から人びとの命もささえてきました。

遠くへ運んでもらうためのくふう

　ブナの森の木ぎの中には、目のよい鳥たちのために赤や黄色などのめだつ色の実をつけ、においに敏感な動物のためにあまい香りや味の実をつけるものがあります。実を食べてもらい種子を遠くに運んでもらうためです。これらの果実のほとんどは種子をつつむ果肉に水分が多い液果です。

▲房状についたサワグルミの実。サワグルミはその名の通り、沢などのしめった場所に生える30mにもなる落葉高木。果実には翼がついていて、風で飛ばされて子孫をのこす。

▲熟すと厚い果皮が割れ、中からクリのような種子を落とすトチノキの実。アクがとても強くそのままでは食べられないが、縄文時代から複雑なアクぬきをして利用されてきた。現在もトチモチにして食べる地方がある。

▲落葉する木本性つる植物のヤマブドウは、ほかの木に巻きつきながら成長する。雌雄異株で花は初夏にさく。円内は房状にみのった実。ジャムやワインにできる。

▲房状にみのったオニグルミの実。風媒花で初夏に花をさかせ、果実の中にかたい種子が入っている。川ぞいなどに生え、20～30mになる落葉高木。

▲くちばし状の独特の形をしたツノハシバミの実。中に堅果が入っている。春、尾のような花をさかせる高さ4～5mの落葉低木。種子はおいしく食べられる。

40

▲落葉する木本性つる植物のサルナシにできた果実。果実はキウイ・フルーツを小さくした感じで味もにている。熟すととてもおいしい。

▲葉の上に"え"をのばし、丸い実をたくさんつけるミズキ。初夏に花をさかせる。10〜15mの落葉する高木。ツキノワグマの好物。

▲赤く球形に熟したヤマボウシの果実。マンゴーのような味がして食べられる。しかし、あまくはないので食べる人は少ない。

▲つる性の落葉樹のミツバアケビの実。花は春〜初夏にさく。おいしく食べられる。

▲真っ赤なミヤマガマズミの実。花は春〜初夏にさく。高さ2〜3mの落葉低木。果実酒にできる。

▲赤い球形の実が集まってつくオオカメノキ。白い花を春〜夏にさかせるが、秋は真っ赤な実になる。

▲袋状のタムシバの果実。実が熟すと中から赤い種子がでてきて、糸状のものにぶらさがる。

▲熟すとあざやかなるり色に色づいて宝石のように美しいサワフタギの果実。青い実をつける木は少ないので、一度見たらわすれることはない。

▲長い"え"につりさがった姿のツリバナの果実。熟すと5つにさけて種子が顔をだす。花がさくのは初夏。高さ2〜4mになる落葉低木。

▲熟すとオレンジ色の種子が2個あらわれるコマユミの果実。花は初夏にさく高さ1〜2mの落葉低木。実は小さくてかわいらしい。

　また、木の実にはほかにもさまざまなくふうがされています。オニグルミの実はとてもおいしいのですが、かたい殻におおわれて簡単には食べられず、堅果とよばれています。この堅果をかじって食べられるのはリスとアカネズミぐらいです。冬も活動するリスやネズミは、オニグルミやドングリなどの実を冬の食料として、森の地面のあちこちにうめてかくしておきます。多くは食べてしまいますが、なかにはわすれてしまうものもあり、それらが来年の春に発芽します。
　ブナの果実も堅果です。その実は小粒ですが、おいしいので昆虫から小鳥、ノネズミ類、ツキノワグマ、そして人間もこのんで食べます。なお、ブナヒメシンクイというガの幼虫は実の中身を食べて育つので、ブナにとってはいやな害虫です。

▶美しい紫色をした球形のムラサキシキブの果実。初夏に花がさく高さ3mほどの落葉低木。

第2章 ─ ブナの森にくらす生き物たち

キノコにささえられている森

キノコは森の中の分解者

　ブナの森には春からさまざまなキノコが生えてきます。とくに秋は多くのキノコが見られる季節です。山菜や木の実と同じように、キノコも人びとのたいせつな食べ物や収入源になっています。

　それだけではありません。キノコは森を維持するのにとてもたいせつな役割をになっています。最もたいせつな役目は、森の落ち葉や枯れ木を分解して土にもどし、植物がふたたび使えるようにリサイクルしていることです。

キノコの本体は菌糸体

　ふつうキノコとよんでいるのは、菌類が子孫をのこすために、植物の種子にあたる胞子をつくる"かさ"とそれをささえる"え"がいっしょになった部分です。

▶枯れ木の内部を分解するキノコの仲間の菌糸体。

▲ウスヒラタケは梅雨期から初秋にかけて、広葉樹の倒木や切り株の上に折り重なるように群生する。かさは15cmにも成長する。食用になる。

▲トキイロヒラタケは初夏から初秋にあらわれ、フジの枯れた幹などに群生する。かさは2〜10cm。野鳥のトキの翼のような色をしている。

▲マスタケは針葉樹や広葉樹の切り株や枯れ木からでる。直径が約30cm、重さ5kgにもなる大型のキノコ。成熟前のものは食用となる。

▲クリタケはクリやコナラ、ミズナラの切り株や倒木に群生する。かさは3〜8cm。食用になる。

▲ブナハリタケはブナやカエデの枯れ木に重なってでる。かさは扇状でひだはやわらかい針状。

▲ナメコはブナやミズナラなどの枯れ木や切り株に群生する。かさは3〜8cm。しめり気が多いときはぬめりのあるゼラチン質の物質でおおわれる（円内）。食用キノコとして広く流通。人工栽培もさかんにおこなわれている。

倒木や枯れ木に生えるキノコ

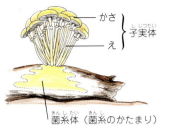
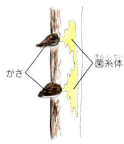

　これを子実体とよんでいます。キノコの本体は、子実体につながる細い糸のような菌糸のかたまりである菌糸体といわれる部分です。

　森の落ち葉や枯れ木は、そこにのこされた栄養分をキノコの菌糸が吸収することで分解されて土にかえっていき、森の養分となります。キノコがいなかったら森はごみの山になってしまいます。

◀キクラゲは広葉樹の倒木や枯れ枝に生える。形は不定形。食用になる。クラゲのような食感があり、木に生えるのでこの名がある。

▶ウスキブナノミタケは春と秋、前年の秋に落ちて地面にうもれたブナの実から生える。開いたかさの大きさは 5mm。

▲ツキヨタケはおもにブナの立ち枯れや切り株、倒木などに生える。かさは 10〜25cm。有毒キノコ。シイタケやヒラタケににているので、まちがって食べないように。ツキヨタケは"え"の部分をさくと多くは、基部付近に紫黒色の"しみ"があるが、しみがない場合もあるので注意が必要。円内は夜間かさの裏側が光っているところ。

◀モエギビョウタケは直径1〜5mmの小さなキノコ。夏から秋にかけて森の中のしめった朽ち木や落ちた枝に群生する。拡大すると黄色いコインのように見える。

▲イヌセンボンタケは春から夏にかけて、倒木や切り株にびっしりと群生する。かさは小さく、5〜12mm。毒はないが、まずくて食べるには値しないということで、イヌという名がついている。

▶ロクショウグサレキンモドキは夏から秋にかけて、広葉樹の森の枯れ枝や倒木に生える。あざやかな緑色で直径数ミリの小さなキノコ。菌糸も緑色で、この菌につかれた朽ち木は緑色に見える。

43

生きた動植物に寄生するキノコ

キノコの多くは枯れ木や落ち葉、動物のふんなどを分解しますが、なかには生きた虫たちに寄生して、栄養分をうばいとって殺してしまうものもあります※。このようなキノコは、虫が大発生して森に悪い影響がでないようにする役目をしています。とくにブナの葉を食べるブナアオシャチホコが大発生すると、そのサナギにサナギタケというキノコの菌がとりついて殺してしまい、発生を終息させた例が報告されています。

▶ミズナラやブナなどの大木の根もとに寄生してくさらせるマイタケ。しばしば直径50cm以上のかたまりになる。食用キノコとして有名。見つけるとうれしくてまいあがるのでこの名がある。

▲カメムシタケは、夏、カメムシ類の成虫のからだから生えて地上にでてくる。先端の直径約3mm。

▲ブナ林の土の中でサナギになったブナアオシャチホコから生えたサナギタケ。長さ約5cm。

共生する菌根菌のはたらき

ここで森の地面に生えるキノコも見てみましょう。じつは森の地面に生えるキノコの多くは、地中の菌糸が近くに生える木の根とつながっています。キノコは木とおたがいに養分のやり取りをしながら木の成長を促進しているのです。植物の根と菌類がつながっている部分は菌根といい、菌根につく菌類を菌根菌とよんでいます。

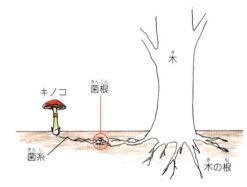

▲クリフウセンタケはコナラやミズナラなどの広葉樹の森の地面に群生する。かさの大きさは4〜10cm。香りがよく、食べられる。

▲チチタケはブナの仲間が育つ森に発生する。かさは5〜12cmほど。傷をつけると多量の乳のような液がでるのでこの名がある。食用になる。

▲センボンシメジは夏から秋、広葉樹と針葉樹のまじった森の地面に何本もまとまって生える。食用になる。

▲かさを開く前のタマゴタケ。開くと直径約15cm。ブナやカバノキなどの根の細胞のすきまに菌糸を侵入させて共生生活をする。食用キノコ。

▲マクキヌガサタケは夏、広葉樹や針葉樹の森の中の地面に生える。高さ7〜9cm。悪臭のする粘液をだしてハエなどをよび、胞子を運ばせる。

▲キツネノエフデは森の中や道端などに生え、強いにおいでハエなどをよび、胞子を運ばせる。長さ10cmほど。絵の具がついた筆のように見える。

※このキノコに寄生された虫は、冬のあいだは生きているが、夏になるとキノコが生えてくる。「冬は虫だが夏は草になる」という意味で冬虫夏草とよばれている。

菌根菌は植物から有機物（炭水化物・光合成産物）を受ける見かえりとして、窒素やリン、水などの無機物を植物に送ります。菌根からのびる菌根菌の菌糸は、周辺の土（土壌）の中の有機物を分解しながら窒素やリン、水を吸収し、それを植物が利用しやすいように返しているのです。

菌糸のネットワークがささえる森

　菌根菌はそれだけではなく、ほかの植物にも菌糸をのばして菌根をつくり、ともに栄養の交換をおこなっていることが、近年の研究で明らかになっています。これは植物がつくる光合成産物（炭素成分）が、菌根菌の菌糸を通じてほかの植物に移動することを意味します。たとえばギンリョウソウ（→25ページ）の場合などです。

　菌根菌の菌糸のネットワークはブナの森の草木ともつながり、森全体が菌糸のネットワークでささえられています。ブナの森全体は植物と菌類の共生関係によって成り立っているのです。キノコは小さな生き物ですが、菌糸とつながっている森の草木までふくめると、巨大な生き物に見えてきます。

▲アケボノサクラシメジは列になって生え、菌輪をつくる。菌輪は年ねん大きくひろがっていく。

◀アケボノサクラシメジの収穫。ブナの森の地面に群生する特有のキノコ。かさは6〜10cm。かさははじめマンジュウ形で開くと平らになり、表面には粘性がある。白いのでうす暗い森の中ではよくめだつ。食用になる。

◀◀◀◀ もっと知りたい ▶▶▶▶

変形菌のふしぎ

　菌という名はついていますが、キノコよりも小さく、変わったくらし方をしている生き物がいます。変形菌です。子孫をのこすときは植物のようにからだを固定し、キノコのような姿になって胞子を飛ばします。

　ところが栄養をとるときは変形体といって、不定形で粘液状のからだになり、アメーバのように移動しながら、落ち葉や枯れ木などについている細菌（バクテリア）やときにはカビなどの菌類を食べます。この変形体は変形菌の胞子から発芽したものからできています。なお、変形菌のことを粘菌とよぶこともあります。

▲モジホコリの仲間。

▲ススホコリの変形体。

▲ムラサキホコリ。

▲クダホコリの変形体。

第2章 — ブナの森にくらす生き物たち

厚く積もった落ち葉のゆくえ

土にもどっていく森のごみ

　落葉樹のブナの森では、毎年、地面の上にたくさんの落ち葉が積もっていきます。冬も葉を落とさない常緑の木でも、2～3年のうちには古い葉を落として新しい葉と入れかえています。それ以外に森の地面には枯れ枝や、大風でたおされた木が横たわっていることもあります。これらは植物が役目を終えたあとの死がいです。

　また、動物は生きるために食べて消化してふんや尿をだします。命がつきると死がいになります。いってみればこれらは森のごみです。しかし、森にいつまでも、ごみがのこっていることはありません。菌類が動植物の死がいやふんを土にもどしてくれているからです。

▲落ち葉が厚く積もった秋のブナの森の林床。

バトンタッチしながら分解

　菌類が生き物の死がいを分解して土にもどすとき、いっしょに手伝う土壌動物とよばれる生き物も土の中でくらしています。モグラ、ミミズ、センチュウ、甲虫類の幼虫、トビムシ、節足動物のヤスデ、ムカデ、カニムシなどです。これらの生き物は、落ち葉や動物の死がい、ふんなどにのこっている栄養分を利用して生きているのです。

　こうして森の生き物たちがだしたごみは、しだいに小さくなっていき、さらに肉眼では見えない原生動物や細菌（バクテリア）などの微生物も分解に参加して、土にもどす役割をになっています。

◀①ブナの森の地面に30×30cmの正方形の区画をもうけてほりさげていく。表面は昨年の落ち葉がおおっている。②表面から深さ約5cm。葉の形はくずれている。③深さ約10cm。葉の形はほとんどのこっていない腐葉土の層。ところどころに白く見えるものはキノコの菌糸。④深さ約20cm。小石まじりのかたい土の層になった。

▶ブナの森の地層断面。地表近くには落ち葉がほとんどそのままの形で積もっている。ブナの葉を形づくるセルロースや木部を形づくるリグニンは土壌動物だけでは消化しにくく、菌類や細菌類が分解している。

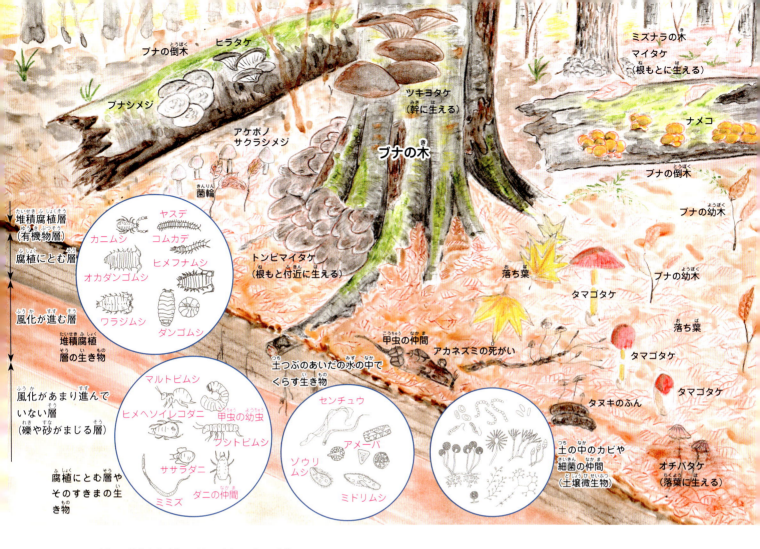

ブナの森の地面付近と土の中の生き物たち

　樹齢100年をこすブナの木は、毎年数万から数十万の葉をつけて冬がくる前に落とす。その落ち葉をトビムシや甲虫類の幼虫、ミミズなどの植物食の土壌動物が食べる。肉食の土壌動物は、植物食の土壌動物をえさにする。森の地下でも、食べる・食べられるの世界がくりひろげられている。最後にのこった死がいやふんをしまつするのは菌類や細菌（バクテリア）などの微生物で、有機物が炭素や窒素、二酸化炭素、水に分解されて土にまじる。これらの物質は森の植物が育つためには欠かせない。

◀◀◀ もっと知りたい ▶▶▶

ブナの森の土の保水力

　ブナの落ち葉はセルロースやリグニンなど、虫が消化しにくい物質をふくんでいるので、しばらく原形をたもっています。この落ち葉を分解するのが菌類です。菌類が落ち葉を分解して形がくずれてくると、土壌動物のトビムシやミミズなどが食べてさらに小さくなり、腐植土に変わります。土壌動物がつくりだした土は、土つぶどうしにすきまがあり、まるでスポンジのようです。このスポンジ状の土が、森に降った雨や雪どけ水をたくわえて、ブナの森の保水力を高めているのです。

▶ブナの森にわきだす水。森は保水力にとんでいるだけでなく、多雪地帯にあるのでおそくまで雪がのこり、水にめぐまれている。

47

つながりめぐる命、ブナの森の生態系

ブナの森は生物共同体

　ブナの森は、水、空気、土（土壌）などのバランスのとれた環境の中で、さまざまな生き物から成り立っている生物共同体です。

　ブナの森は、ブナなどの樹木だけでなく、草やシダ、コケ類などのいろいろな植物で構成されています。さらには森には、ほ乳類やは虫類、鳥類、昆虫、キノコのような菌類、細菌（バクテリア）などの微生物まで、さまざまな生き物がいます。それらはたがいに関係しながら、もちつもたれつの生活をしているのです。

▲ブナの森にかかる雨雲。降った雨は森の大地にしみこんでいく。

植物が物質の生産者

　樹木や草などの緑色植物は、日の光を受けて水と二酸化炭素（無機物）からデンプンなどの炭水化物（有機物）をつくる光合成をおこないながら成長します。チョウやガの幼虫、ノウサギ、カモシカなどの草食動物は、木の葉や草を食べて成長します。肉食動物、鳥類は昆虫や草食動物を食べます。動物の排せつ物（ふん、尿）や死がい、落ち葉、落ち枝などの植物の死がいは土壌動物が食べるか、菌類や細菌類が分解するなどして、最後は無機物になります。

　こうして土や大気中にもどっていった無機物は、ふたたび植物を養います。この営みは、土や空気などの環境を通しておこなわれるのです。

▼ブナの葉は太陽の光で光合成をおこない栄養物と酸素を生みだす。原料は葉が空気中からとりいれた二酸化炭素と根からすいあげた水や養分。

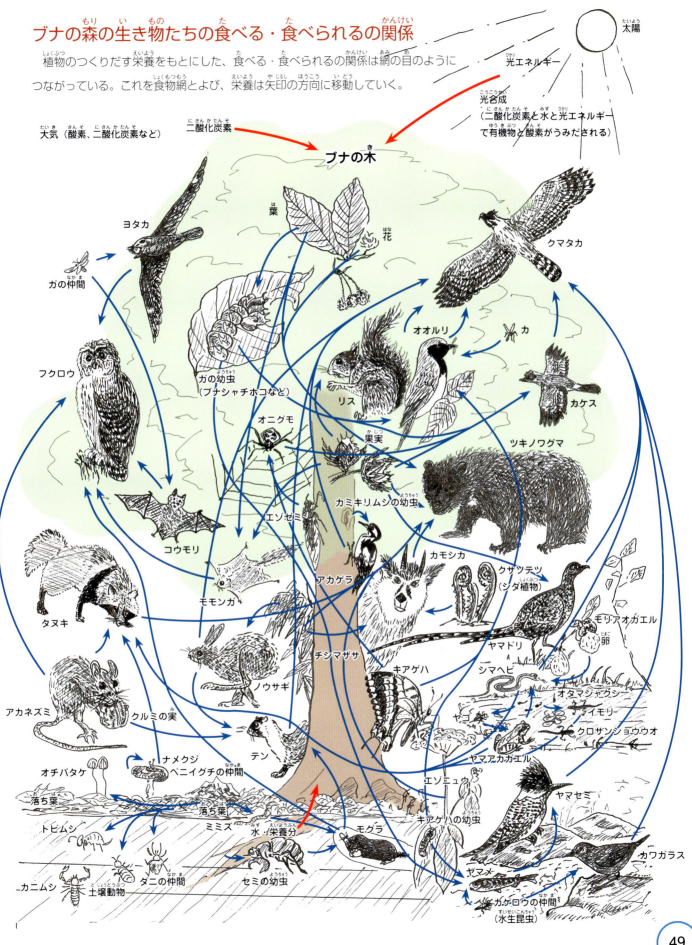

コラム

ブナの幹についた地衣・コケ類調べ

積雪深のめやすになる地衣・コケ類

ブナの幹にはさまざまな紋様が見られますが、これらの正体は幹についている地衣類やコケ類です。地衣類は菌類と藻類（植物）が共生している複合体です。地衣類は雨や霧、大気中をただよう"ほこり"などから水分や養分を吸収して藻類にあたえ、藻類は光合成でつくった糖類を菌類にわけあたえ、たがいに共同生活を営んでいます。また、コケ類もからだ全体から水分や養分を吸収し、ブナの木には細い仮根という根で、からだを固定しているだけです。

太いブナの木にはたくさんの種類や数の地衣・コケ類がついていますが、豪雪地のブナは、雪どけのときに地衣類やコケ類がはがれ落ちるため、積雪深のめやすになります。

日本各地のブナの樹皮につくコケ類は、150種ほど知られており、樹上はブナの森におけるコケ類が生える貴重な場所となっています。また、1本のブナの木には100種以上の地衣類が生えるといわれており、地衣類にとってはすみ心地のよい環境のようです。

▶ブナの幹につく地衣類やコケ類の高さは、その場所の積雪深と関係している。

ブナまでさまざまです。低地のブナの森では少なく、山地のブナの森では、よく日があたる面には地衣類がついていて、日かげにはコケ類が生える傾向にあるようです。しかし、沢ぞいのブナや標高が高く、空中湿度の高いところのブナの樹皮には、多くの地衣類とともにコケ類も豊富に生えています。

ブナの幹の微妙な環境を利用

ブナの幹のように表面にでこぼこの少ない場所では、ほんの少しの水分や光の条件、積雪量、風雨が地衣類やコケ類などが生えるのに影響をあたえます。そのため、幹一面がコケ類におおわれているブナから、ほとんどコケ類が生育していない

▼ブナの森の画廊をたずねてみよう。ブナの幹をキャンパスに地衣類がえがきだした抽象画がいっぱい展示されている。①色とりどりの地衣類がブナの幹にモザイク画をえがいた。②こちらはシンプルなコントラスト画。③拡大したオオトリハダゴケ。④同、ダイダイゴケ。⑤同、クロイボゴケ。⑥同、クロモジゴケ。③〜⑥はいずれもコケと名はついているが地衣類。

第3章
ブナの木の成長と森の変化

1993 年、世界自然遺産に登録された青森県と秋田県にまたがる白神山地には、広い面積にわたって何万本ものブナの木が生育しています。ここで見られるブナの木は、樹齢 200 ～ 300 年の巨木もめずらしくありません。しかも、このブナの森には 8000 年以上にわたってつづいてきた歴史があります。ブナ中心の森が何百年も何千年もつづくのはなぜでしょう。ブナの木がどんな一生をたどるのか、そのひみつにせまってみましょう。

ブナの花の受粉から実が熟すまで

雄花、雌花にわかれている風媒花

ブナの木は、まだ雪がのこる4月下旬から5月上旬にかけて、うす緑色の花をさかせます。ブナには雄花と雌花がありますが、それらは同じ1本の木にある雌雄同株で、花粉は風によって受粉する風媒花です。雄花、雌花ともに同じ花芽の中にあり、開くとき、雌花は上に向かって立つようにさき、雄花は下にたれさがってさきます。雌花は雄花より先に成熟することで、同じ株の花粉で受粉する自家受粉をさけています。

受粉と果実の成長

受粉した雌花は、花をまもっていた総ほうが殻斗となって急速に成長します。その後、殻斗の中では実（堅果）がじょじょに成熟していき、10月ごろ、殻斗がさけてそれまで保護していた実を散布します。なかには殻斗ごと落ちているものもありますが、殻斗の中の実は、ブナヒメシンクイの幼虫に食べられていることが多いようです。

▲左上：開きはじめたブナの冬芽。先端は葉、まわりは雄花と雌花で1つの芽の中に入っている。茶色い部分は冬のあいだ芽をまもってきた芽鱗。毛のようなものは、冬の寒さ対策のためだと考えられる。右上：開いたブナの雄花。虫媒花のような花びらはなく、おしべの束がたれさがっている。風がふくと先端にある"やく"から花粉が飛びちる。左下：開きはじめたブナの雌花。花をささえてまもる総ほうでつつまれている。この総ほうがのちに殻斗になる。総ほうの外側が赤いのは、春先の強い紫外線から花をまもるためと考えられている。雄花が下向きにたれさがってさくのにたいして雌花は上向きにさく。右下：雌花にあるめしべの拡大。めしべは線形で3本にわかれており、風に乗って飛んできた花粉がついて受粉する。

▼芽ぶいてまもない若葉におおわれたブナの森。残雪の上に点てんと見えるのは、花芽や葉芽が開くときに落ちた芽鱗や雄花。

▲左：開きはじめたブナの葉芽。冬のあいだ、寒さや乾燥から茶色い芽鱗がつつむようにしてまもっていた。右：芽鱗を落としながらブナが葉を開いた。芽ぶいたばかりの葉もやわらかい毛におおわれている。

◀地面にしきつめられた芽鱗とブナの若葉。春の嵐がせっかく開いた若葉を枝から引きちぎってしまった。

◀花粉を飛ばす仕事を終えて林床に落ちた雄花。役目を終えたので、いつまでも枝につけている必要はない。

◀ 受粉後、雌花のめしべを保護していた総ほうは、殻斗として中で成長する実をまもる。殻斗の大きさは約2cm。このままの大きさで、中では実がゆっくりと成長していく。

▲ 夏、ブナの枝のあちこちに実が育った。しかし、毎年このようにたくさん実をつけるわけではない。

▲ 昆虫の害を受けて自ら落ちた若いブナの実。実が若くてやわらかい時期は、しばしばガの幼虫、ブナヒメシンクイがもぐりこんで食べていることがある。

　ブナの実（堅果）はかたく、動物などに簡単に食べられないように中身（種子）をまもっています。ブナの殻斗の中には、三稜形の実が2個入っており、穀物のソバの実にもにていて、食べるとクリやクルミのようにおいしいので、そばぐり、またはそばぐるみともよばれています。

▼ 雪どけとともに姿を見せた前年の秋に落ちたブナの殻斗。円内はブナの実。秋になると殻斗が割れて、中から2個の実が地面に落ちる。なかには殻斗に入ったまま落ちるものもある。

第3章——ブナの木の成長と森の変化

ブナの実の豊作と不作

すべての苗が育つわけではない

　ブナの実は一冬を雪の下でこし、雪どけ後に芽をだします。子葉を2枚だして、そのあとに本葉をだしますが、それはまるでバレリーナのような姿で、森のプリマドンナとよびたくなります。

　ブナの実は豊作と不作がはっきりしていて、数年に一度の豊作があり、その翌年の春の林床には、ブナの苗床のようにびっしりと芽生えてきます。しかし、ブナの森の林床は暗く、実生※のほとんどはノネズミやノウサギなどのえさになったり、光不足や菌類の影響を受けたりして姿を消してしまいます。わずかに生きのこった実生は、長い年月を暗い森の中ですごします。

　ブナが一気に成長できるのは、親木がたおれて森の中に「林冠ギャップ」とよばれる空間ができたときです。林冠を構成する木がたおれることで、太陽の光が林床にそそぐようになるからです。

▲残雪の中から根をのばしたブナの実。殻斗におさまっている2個の実が同時に発芽したので根が2本見えている。

▲殻をつけたまま子葉（双葉）をひろげようとしている。しばらくのあいだ子葉にたくわえられた養分で育つ。

▲子葉の上で本葉が開いた。この先は本葉の光合成でつくった栄養で成長していく。

◀朽ちかけた倒木から束になって芽生えたブナの苗木。前年の秋、ノネズミの仲間が冬の食料としてかくしたのかもしれない。

▼豊作の年の翌春、ブナの森では足のふみ場もないほどたくさんの苗木が見られる。しかし、多くは夏までに姿を消してしまう。

※実生とは種子から芽をだした幼い植物のこと。

▲芽生えから2年目の春をむかえたブナの若葉。葉がほんのりと赤いのは、春先の強い紫外線から身をまもるために、赤い色素を葉につくるからだと考えられている。

▶うす暗い森の中で葉をひろげて光合成をする2年目のブナ。本葉はまだ数えるほどしかない。この中のどれだけが無事大きく育っていくのだろうか。

豊作と不作の年があるのはなぜ？

ところでブナの実に豊作と不作の年があるのはどうしてでしょうか。

ブナの実をえさにしている動物はたくさんいます。でも、ブナの木は毎年花をさかせて実をつけていると、動物に食べられるいっぽうで、木にとって得することはありません。そこでブナは、2年に一度ぐらいしか花をさかせず、実も結びません。そこに豊作の年があると、動物たちはたらふく食べてたくさん子どもを産みますが、食べきれなかった実がのこってしまいます。ブナにとって命をつなげるチャンスです。翌年はたいてい不作なので、ブナの実を食べる動物はえさ不足となり、

▶落ち葉にうもれるようにして紅葉した2年目のブナ。小さくても冬を前に「仕事じまいの合図」はちゃんとしている。

うえて数をへらしてしまいます。このようにブナの実の豊作・不作は森の動物たちがふえすぎないようにうまく調節をしているのです。

気候が不順な年は不作になるといわれていますが、そうでない年も不作になることがあります。ふしぎなことに、豊作や不作は広い地域のブナの森で同時におこっているのです。

豊作の年（5〜7年に一度）　不作の年

ブナの木
食べのこしてくれた実で子孫がのこせるぞ。

動物たち
実をたくさんみのらせてくれてありがとう。いっぱい食べてたくさん子どもをのこせるよ。でも、満腹でもう食べきれないや。

ブナの木
実をつくるのは大仕事なのだ。いつもごちそうするわけにはいかないよ。

動物たち
実が少ないのでこまったな。空腹で子育てもできないよ。

第3章―ブナの木の成長と森の変化

いつまでもブナの森がつづくのは？

植物遷移とブナの天然林

　一定の地域にくらす植物の集まりが、植物自身がつくる環境のもとで、ほかの植物の集まりに変わっていくことを「植物遷移」といい、最終的に安定した状態を「極相」いいます。火山の噴火などでできた岩だらけの土地（裸地）からはじまるものを一次遷移、すでにあった植物の集まりが一部、または全部破壊され、そこからはじまるものを二次遷移といいます。極相はその土地の気候条件のもとで、いろいろな種類の植物が競争しながら入れかわり、やがてある種の植物の集まりでバランスがとれたときの状態のことをいいます。ブナの天然林はそれにあたります。

　これまで見てきたように、ブナの天然林は光合成により大量の有機物をつくりだし、それをもとにさまざまな生き物が食べたり食べられたりしながら、森の生態系をたもちつづけているのです。

修復されるブナの森

　ブナの森は樹木だけではなく、さまざまな植物や動物、菌類や微生物などから成り立っている生物共同体です。共同体がくらすブナの森の生態系は、さまざまな環境の影響を受けています。そして、植物たちがより集まることで、森の環境に影響をあたえながら遷移し、極相に到達します。成熟した極相林では、生物相互の関係がつねに安定しているのです。

▲立ち枯れをおこしたブナの木。大風で幹の上部の枝を折られてしまったのだろうか。まわりに日の光があたる林冠ギャップができ、林床には日あたりのいい場所をこのむ植物がまっ先に生えてくる。この木にはサルノコシカケの仲間が発生して分解中。

◀ブナの倒木のまわりにできたギャップに生える草木。ホオノキ（手前）と日あたりのいい場所をこのむ草たちだ。

▲夏、枯れかけたブナの根もと付近に発生したトンビマイタケ。マイタケ同様、食用になる。

ブナの森では、年老いて枯れた木や風でたおれた木などによって森に穴があくと、地表まで日光がそそぎこみます。先にのべたように、このような穴を「林冠ギャップ」といい、ギャップができると小さな範囲でふたたび修復されていきます。このように成熟したブナの森は、部分的な破壊とその修復によって、全体としては同じ姿をたもっているように見えるのです。

▲ギャップの林床で葉をひろげる、芽生えから2年目のブナ。まわりの細い木ぎもブナ。樹齢は80年くらい。ブナが花をさかせるのは樹齢40〜50年から。その年まで、多くは生きのこれずに消えていく。

ブナの森の変化

極相のブナ林に嵐などによってギャップができたあと、またブナ林がよみがっていくようす。もとの極相林の姿にもどるまで100年以上はかかる。

▼立ち枯れたブナの木のまわりに育ってきた若いブナの木が、たがいに大きくなるチャンスをうかがっている。たくさんあった実生の中から競争に勝ったものがここまで育った。安定した森になるまで、若木たちの競争はまだまだつづくことだろう。

第3章―ブナの木の成長と森の変化

大きさがそろったブナの二次林

では、ブナ中心の森の木をすべて切ってしまったあとは、いったいどうなるでしょうか。このような場所では、条件がよければ実生たちはいっせいに成長します。そして、同じような太さのまっすぐのびたブナが育って二次林を形成します。このような二次林は林内の光環境条件が悪く、ササ類やほかの林床植物が育ちにくいので、見通しがよく歩きやすい森になっています。かつて、ブナ林で下草やササを食べる牛の林間放牧がおこなわれたことも影響しています。

ふつう自然度の高いブナの天然林では、下草から低木、亜高木、高木などがまじって生えています。ですから、二次林のような姿形がそろったブナの森を見たら、それは人の手がくわわっていると考えられます。

▲日本海側のブナの森の林床には、ふつうチシマザサが優先して生えている。チシマザサはネマガリタケともいい、山菜のタケノコとして知られている。クマの好物でもある。

▼大きさがきれいにそろったブナの二次林。林床には、ほかの草木はあまり生えていない。

人の手がくわわったブナの木

ブナの木は水に弱くてくさりやすいので、建築材などにはあまり利用されてきませんでした。しかし、薪や炭（雑炭）などの燃料には向いていたので、昔からよく利用されていました。

薪にはブナの幹や枝を利用していました。木を切るのによいのは積雪の季節です。雪の上にでている幹や枝を切ると、切った部分が再生するときに"こぶ"のような形になります。何年にもわたって利用されてきた木は、こぶがいくつもかさなって"だんご"のようになっています。このようなこぶやだんご状のものを「あがりこ」とよんでいます。あがりこは人びととブナとのかかわりを教えてくれる"しるし"です。そこが奥山の森であっても、あがりこを見たら、人とのかかわりがあったことがわかります。

▶幹の一部がこぶのようになったブナの「あがりこ」。根もとから上（あがり）にできた新たな幹（こども）という意味で、東北地方を中心に使われてきた言葉。

◀◀◀◀ もっと知りたい ▶▶▶▶

ブナの巨木くらべ

ブナの寿命は250～300年ですが、なかには長生きして巨木となり、各地でマザーツリーとよばれているブナもあります。

日本一のブナは秋田県の和賀山塊にあり、幹まわりが8.6mもあります。世界自然遺産に登録された白神山地のマザーツリーは4.65mです。この本のおもな舞台でもある真昼山地のマザーツリーのブナは4mほどあります。

▲日本一のブナの大木。1993年に発見された。

▲白神山地のマザーツリー。

▲真昼山地のマザーツリー。

もっと調べてみよう

ブナと人とのつきあい

1. 縄文文化とブナの森

東高西低の縄文時代の人口

縄文時代（いまから約1万5000～3000年前）、日本列島にすんでいた人びとは、各地に多くの遺跡をのこしています。遺跡から見られるさまざまな遺物などをくわしく調べると、当時の人びとは長いあいだ、狩猟採集・漁労のくらしをしていたことがわかります。

狩猟採集社会は農耕が中心の社会よりも、かなり人口密度が低いといわれています。しかし、縄文中期（いまから約5500～4500年前）の北海道をのぞく日本の総人口は約26万人で、その約96％が東日本にくらし、1km²あたりの人口密度は1.68人と見られています。狩猟採集民族としては例外的に高い人口密度を維持していたと考えられています。縄文時代の東日本には高密度の人口をささえる、食料の供給ができる自然環境が整っていた可能性があります。縄文時代の遺跡は、西日本より東日本から多く発見されているからです。

いまと近い森がひろがっていた

縄文時代の日本列島には、どんな森がひろがっていたのでしょうか。土の中にうもれていた花粉などの植物化石を調べたところ、いまから約6000年前（縄文前期）以降は、ほぼ現在の自然の森と同じような森に近づいていました。東北日本はブナやミズナラなどに代表される落葉広葉樹の森、西南日本はスダジイ、アラカシなどに代表される常緑広葉樹である照葉樹の森におおわれていたと考えられています。

とりわけ東日本の森では、ブナ、ミズナラ、コナラ、オニグルミ、クリなどの木の実や山菜類、キノコ類が豊富にとれ、これらを食べる動物たちもたくさんくらしていたでしょう。約4000年前（縄文後期）の東日本にくらす縄文人の食生活を調べたところ、ドングリ、クリなどの利用の割合が高いことがわかっています。縄文人たちは豊かなブナの森で山菜や木の実を採集し、動物の狩猟、それに漁労をしながらくらしていたのです。

縄文時代と弥生時代の遺跡分布数の比較

遺跡の数はその土地の人口とほぼ比例していると考えられる。人口の多少は食料と関係がある。縄文時代の食料はおもに狩猟採集・漁労によって得られ、その中心地は、ブナやミズナラの森がひろがる東日本だった。ところが弥生時代になると、水田稲作によってコメがつくられはじめ、遺跡は西日本に多くなる。コメづくりは大陸・朝鮮半島から西日本に伝わり、しだいに東日本にひろまっていった。

※『縄文時代』（小山修三著・中公新書）をもとに作図。

遺跡数
- 0～8
- 9～48
- 49以上

縄文時代中期

弥生時代

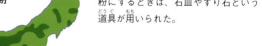

▲縄文時代、ドングリなどの木の実を粉にするときは、石皿やすり石という道具が用いられた。

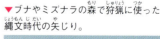

▼ブナやミズナラの森で狩猟に使った縄文時代の矢じり。

2. ブナの木の利用

雪国では建築用材に利用

　ブナはくさりやすいためキノコの生産には適していますが、一般に建築用材としては適さなかったようです。ブナを橅と書くことがあります。「木で無い」と読めますが、役に立たない木という意味でつくられた日本製の漢字（国字）です。

　しかし、ブナは管理を適切におこなえばじゅうぶん長持ちします。多雪地帯では屋根の梁の部材としてよく使われてきました。山形県の山寺にある立石寺の本堂や月山山麓の田麦俣にある多層民家、飯豊山麓の小国町樽口の民家、秋田県の田沢湖高原乳頭温泉の黒湯、鶴の湯などは、ブナが建築用材として使われています。

かつてブナの需要は薪や木地ものの材料

　ブナ材は、日常の道具類と薪などに長く利用されつづけてきました。特筆すべきは、木地ものの生産です。木地ものとは、うるしなどの塗料をぬる前のお椀やお盆などの木の器のことです。江戸時代から明治時代初年まで「手びきろくろ」という道具を使って、木地師とよばれる職人がつくっていました。ブナ材を使う木地師の活動は、南東北の奥会津地方がさかんでした。

木工製品向けに開発

　近代になって商品経済が発達してくると、ブナ材を利用した木工製品が生産されるようになりました。西洋文化の導入にともない、ブナは薪や炭のほかに器具材などにも使われ、1906年には曲げ木による洋風家具の製造がはじまりました。

　1921～1935年には、国有林にある大量のブナを利用するため、全国にブナ加工のための施設がつくられ、製品の開発が進められました。さらに第二次世界大戦末期には、ブナは航空機用の合板材としても用いられたため、大量に伐採され、敗戦直後には輸出もされていたとのことです。

戦後のブナの大量利用

　戦後にブナ材の伐採、利用が拡大した背景には、パルプの原料化があります。その後、加工技術の発展などから、家具やフローリング用材などの利用へと転換されていきました。戦後の復興のための材料として利用されるとともに、利用法も急速に開発されていったのです。フローリングが公共建築物として指定されたのは1955年。それ以降、公共建築物のみならず一般住宅にも普及していきました。

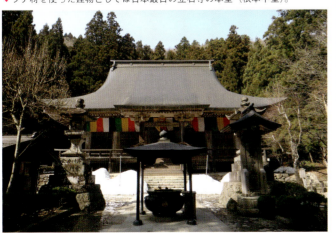

▼ブナ材を使った建物としては日本最古の立石寺の本堂（根本中堂）。

◀長い年月、風雪にたえてきた立石寺のブナ材（柱と壁板）。

▶ブナの木でつくったお盆や"はし"と"はしおき"。

さくいん

◀ ア ▶

アオゲラ･･････････････････34
アオダイショウ･･････････32
アカゲラ･･････････････34、49
アカショウビン･･････････30
アカネズミ･･････････41、47、49
アケボノサクラシメジ･･･45、47
アケボノソウ･････････････25
アズマヒキガエル･････30、31
アズマモグラ･････････････37
アメーバ･････････････45、47
アラカシ･･････････････････60
イタチ･･････････････30、33、36
イタヤカエデ･････････････38
イヌセンボンタケ･･････････43
イヌブナ･･････････････････16
イワウチワ･･･････････････19
イワナ･･･････････････6、30
ウグイス･･････････････････34
ウスアカオトシブミ･････････29
ウスキブナノミタケ･･･････43
ウスヒラタケ･････････････42
ウド･･････････････････････27
ウメバチソウ･････････････25
ウラジロヨウラク･････････18
ウワミズザクラ･･･････････19
エゾニュウ･･････････････24、49
エゾハルゼミ･･･････････28、29
エゾユズリハ･････････････19
エナガ･･･････････････････35
エンレイソウ･････････････21
オオイワカガミ･･･････････24
オオウバユリ･････････････25
オオカメノキ･･･････････19、41
オオトリハダゴケ･････････50
オオバキスミレ･･･････････24
オオバクロモジ･･･････12、38、39
オオミズアオ･････････････28
オオルリ･･････････････34、49
オクトリカブト･･･････････25
オシドリ･･････････････････35
オチバタケ･･････････････47、49
オトメエンゴサク･････････21
オニグルミ･･････････40、41、60

◀ カ ▶

カケス･･･････････････････49
カゲロウ･････････････30、37、49
カジカ･･･････････････････30
カジカガエル･････････30、31
カタクリ･･････6、9、20、22、23

カタツムリ･･･････････････30
カツラ･････････････18、26、38、39
カニムシ･･････････････46、47、49
カバノキ･･････････････････44
カビ････････････････････45、47
カミキリムシ･････････････49
カメムシタケ･････････････44
カモシカ･･･････････6、36、48、49
カワガラス･･･････････････49
カワゲラ･････････････････30
カワトンボ･･･････････････30
キアゲハ･･･････････24、28、49
キクザキイチゲ･･･････････9
キクザキイチリンソウ･･････9、20
キクラゲ･･････････････････43
キセキレイ･･･････････････35
キセルガイ･･･････････････31
キタオウシュウサンショウウオ･････30
キタゴヨウマツ･･･････････18
キツネノエフデ･･･････････44
キビタキ･･････････････････34
極相林･･････････････････56、57
菌根･･･････････････････44、45
菌根菌･･････････････25、44、45
菌糸（体）･･････････42、43、44、45
ギンリョウソウ･･･････････25、45
菌輪･････････････････････45
クダホコリ･･･････････････45
クマゲラ･････････････････34
クマタカ･･････････････5、35、49
クリ･･･････････････････16、60
クリタケ･････････････････42
クリフウセンタケ･････････44
クルミ･････････････････40、53
クロイボゴケ･････････････50
クロカタビロオサムシ･････29
クロサンショウウオ･･････30、31、49
クロブナ･･････････････････16
クロベ･･･････････････････18
クロホオヒゲコウモリ･････37
クロモジゴケ･････････････50
原生動物･････････････････46
コエゾゼミ････････････25、28、29
コガネムシ･･････････････36、37
コケ類･･････････････････48、50
コゴミ（クサソテツ）･･････27
コシアブラ･･･････････････19
ゴジュウカラ･････････････35
コチャルメルソウ･････････21
コナラ･･･････････････16、42、44
コマユミ･････････････････41

◀ サ ▶

細菌（バクテリア）
････････････････45、46、47、48、56
ササラダニ･･･････････････47
サナギタケ･･･････････････44
サルナシ･････････････････41
サワガニ･･････････30、31、37
サワグルミ･･･････････････40
サワフタギ･･･････････････26、41
サンカヨウ･･･････････････24
シイタケ･････････････････43
シカ･････････････････････36
子実体･･･････････････････43
シダ（類）･･･････････19、48
シドケ（モミジガサ）･･････27
シナノキ･････････････････27
シマヘビ･････････････32、33、49
ジムグリ･････････････････32
樹冠･････････････10、11、26
植物遷移･････････････････56
シラネアオイ･････････････24
シロマダラ･･･････････････33
水生昆虫･･････････････28、30
スゲ･････････････････････19
ススホコリ･･･････････････45
スダジイ･････････････････60
スナヤツメ･･･････････････30
スプリング・エフェメラル
･･････････････9、20、22、23
スミレサイシン･･･････････21、22
セッケイカワゲラ･････････29
センチュウ･･････････････46、47
センボンシメジ･･･････････44
ゼンマイ･････････････････27
ゾウリムシ･･･････････････47
藻類････････････････････31、50

◀ タ ▶

ダイダイゴケ･････････････50
ダイモンジソウ･･･････････25
タカチホヘビ･････････････32、33
ダニ･････････････････････49
タニウツギ･･･････････････18
タヌキ･･････････････････47、49
タマガワホトトギス･･･････25
タマゴタケ･･･････････44、47
タムシバ･･････････････26、41
地衣類･･･････････････････50
チシマザサ･････････18、19、49、58
チチタケ･････････････････44

チマキザサ……………………19
ツキノワグマ……………………
……………5、6、36、37、41、49
ツキヨタケ………………43、47
ツタウルシ………………38、39
ツツドリ……………………34
ツリバナ……………………41
ツルアジサイ……………………19
トウゴクサイシン………………22
トウホクサンショウウオ…………30
トウホクノウサギ………………15
トガクシショウマ………………24
トキイロヒラタケ………………42
土壌動物………46、47、49
トチノキ………18、38、39、40
トビケラ……………………30
トビムシ…………46、47、49
ドングリ……16、37、40、41、60
トンビマイタケ……………………56
トンボ………………28、30

◀ ナ ▶

夏鳥………………………34
ナメクジ……………………49
ナメコ………………42、47
ニオイコブシ……………………26
二次遷移……………………56
二次林………………………58
ニホンアナグマ………………36
ニホンカナヘビ………………33
ニホンカモシカ………………36
ニホントカゲ…………………33
ニホンマムシ…………………33
ニホンミツバチ………………22
ニホンモモンガ………………36
ニリンソウ……………………21
ネマガリタケ…………………58
粘菌………………………45
ノアザミ……………………28
ノウサギ……15、36、37、48、49、54
ノネズミ………6、35、37、41、54

◀ ハ ▶

ハウチワカエデ………27、38，39
春植物………20、21、22、24
ヒガシカワトンボ………………29
ヒガシニホントカゲ……………33
ヒキガエル………………30、31
微生物…………46、48、56
ヒトツバカエデ…………38、39
ヒバカリ……………………32

ヒメアオキ……………………19
ヒメギフチョウ………………22
ヒメフナムシ…………………47
ヒメヤシャブシ………………39
漂鳥………………34、35
ヒラタケ…………………43、47
ビロードツリアブ………………22
フキ………………………24
フクジュソウ………………21、23
フクロウ…………………35、49
フジ………………………19、26
フジミドリシジミ………………28
腐植土……………………47
腐生植物……………………25
ブナアオシャチホコ……28、29、44
ブナハリタケ…………………42
ブナヒメシンクイ………41、52
冬鳥………………………35
腐葉土……………………11、46
分解者……………………42
ベニイグチ……………………49
変形菌……………………45
ホウチャクソウ…………10、11
ホオノキ…………………27、56
ホンドオゴジョ………………36
ホンドギツネ…………………37
ホンドテン……………………36

◀ マ ▶

マイタケ……………44、47、56
マクキヌガサタケ………………44
マスタケ……………………42
マムシ……………………33
マルハナバチ…………………25
マルバマンサク…………19、26
マンゴー……………………41
ミズキ……………………41
ミズナラ……………………
……16、18、29、37、42、44、47、60
ミズバショウ……………………20
ミスミソウ……………………21
ミツバアケビ…………………41
ミネカエデ……………………18
ミミズ………………………30、
32、33、35、36、37、46、47、49
ミヤマガマズミ…………38、41
ミヤマクワガタ………………29
ムカデ……………………46
ムシカリ……………………19
ムラサキシキブ………………41
ムラサキホコリ………………45

ムラサキヤシオツツジ………19、26
モエギビョウタケ………………43
モグラ………………32、46、49
モジホコリ……………………45
モモンガ……………………49
モリアオガエル…………30、31、49

◀ ヤ ▶

ヤスデ………………46、47
ヤブツバキ……………………19
ヤマアカガエル…………30、31、49
ヤマウルシ……………………12
ヤマカガシ……………………33
ヤマシャクヤク………………24
ヤマセミ……………………49
ヤマソテツ……………………19
ヤマドリ…………………35、49
ヤマナメクジ…………………31
ヤマネ………………………37
ヤマハンノキ…………………39
ヤマブドウ……………………40
ヤマボウシ………27、38、41
ヤマメ………………6、49
ユキザサ…………10、11、19
ユキツバキ……………………19
ヨタカ………………………49

◀ ラ・ワ ▶

リグニン……………46、47
リス………………36、41、49
留鳥………………34、35
林冠………………………10
林冠ギャップ………54、56、57
林床………………………
10、11、12、14、20、24、25、52、57
ルリクワガタ…………………29
ロクショウグサレキンモドキ……43
ワシ・タカ類…………………33
ワラジムシ……………………47

著者 瀬川　強（せがわ　つよし）

1954（昭和29）年、岩手県花巻市生まれ。ブナ林の保護活動後、1985年、カタクリの花にひかれて岩手県和賀郡湯田町（現在西和賀町）に移住。1990年カタクリの会を結成し、西和賀町で毎月1回、奥羽自然観察会を開催して現在に至る。現在「カタクリの会」代表、日本自然保護協会自然観察指導員、日本野鳥の会会員、岩手県環境アドバイザー、希少野生動植物種保存推進員（環境省）。著書に『イーハトーヴ：フォト心象スケッチ』（1993年、熊谷印刷出版部）、『奥羽山系雪国の草花』（1993年、熊谷印刷出版部）、『カタクリの里』（1995年、高橋喜平氏との共著、講談社）、『宮沢賢治シーズン・オブ・イーハトーブ』全4巻（1996年、二玄社）、『奥羽の自然・西和賀大地』（1998年）、『西和賀カタクリの里』（2005年）、『フォト ネイチャー エッセンス』（2008年、以上3冊はいずれも熊谷印刷出版部）がある。

参考文献：『ブナ林の自然環境と保全』（村井宏ほか編、ソフトサイエンス社）／『Newton special issue 植物の世界 第4号』（教育社）／『ブナ林の自然誌』（千葉県立中央博物館）／『クマ問題を考える』（田口洋美、山と溪谷社）／『ブナ帯文化』（梅原猛ほか著、新思索社）／『ブナ林をはぐくむ菌類』（金子繁ほか編、文一総合出版）／『昆虫たちの森』（鎌田直人、東海大学出版会）／『春植物の生活史　つかの間の季節を生きる色とりどりの花たち』（編集・発行：只見町ブナセンター）／『あがりこの生態と人々の関わり』（編集・発行：只見町ブナセンター）／『アマチュア森林学のすすめ ブナの森への招待』（西口親雄、八坂書房）／『山溪ハンディ図鑑2 山に咲く花』（門田裕一監修、山と溪谷社）／『ブナの森と生きる』（北村昌美、PHP研究所）／『ブナの森を楽しむ』（西口親雄、岩波書店）／『植物の一生』（内藤俊彦、研成社）／『奥羽山系　雪国の草花』（瀬川強、熊谷印刷出版部）／『日本のブナ帯文化』（市川健夫ほか編、朝倉書店）／『雪里のブナ林のめぐみ』（小林誠ほか編著、十日町市）／『母なる森ブナ』（工藤父母道編著、思索社）／『ブナ林再生の応用生態学』（寺澤和彦ほか編、文一総合出版）／『ブナの森は緑のダム』（太田威、あかね書房）／『縄文時代　コンピュータ考古学による復元』（小山修三、中央公論社）／『秘境・和賀山塊』（佐藤隆・藤原優太郎著、無明舎出版）

企画・編集：プリオシン（岡崎　務）
指導・協力：鈴木和次郎（只見ユネスコエコパーク推進専門監／前只見町ブナセンター館長）
写真提供：高橋知明（34ページ：アカショウビン）／小野寺聡（59ページ：ブナの「あがりこ」）／
　　　　　村井敬一（表紙、もくじ、37ページ：ツキノワグマ）
取材協力：宝珠山立石寺／雪国文化研究所／Wood工房ブナの森（竹澤直樹）／瀬川修／情野友紀
レイアウト・デザイン：青江隆一郎
イラスト：瀬川　強／青江隆一郎
図　　版：青江隆一郎

ブナの森を探検しよう！
さぐろう、四季と生物多様性

2018年7月5日　第1版第1刷発行

著　者　瀬川　強
発行者　瀬津　要
発行所　株式会社PHP研究所
　　　　東京本部　〒135-8137　江東区豊洲5-6-52
　　　　　　　　　児童書出版部　☎03-3520-9635（編集）
　　　　　　　　　児童書普及部　☎03-3520-9634（販売）
　　　　京都本部　〒601-8411　京都市南区西九条北ノ内町11
　　　　PHP INTERFACE　https://www.php.co.jp/

印刷所
製本所　図書印刷株式会社

©Tsuyoshi Segawa 2018 Printed in Japan　　ISBN978-4-569-78772-5
※ 本書の無断複製（コピー・スキャン・デジタル化等）は著作権法で認められた場合を除き、禁じられています。また、本書を代行業者等に依頼してスキャンやデジタル化することは、いかなる場合でも認められておりません。
※ 落丁・乱丁本の場合は弊社制作管理部（☎03-3520-9626）へご連絡下さい。送料弊社負担にてお取り替えいたします。

63P　29cm　NDC653